南昌航空大学学术文库

城市热力管道弱磁非开挖检测技术

于润桥　夏桂锁　著

U0172516

科学出版社

北　京

内 容 简 介

城市热力管道的腐蚀与泄漏威胁着人们的生产、生活安全,这种管道大多位于地下,路径复杂且管径不一,给检测与维修带来不便,而采用非开挖检测技术能够快速定位腐蚀与泄漏,为管道检测提供了便利。本书内容主要包括城市热力管道损伤检测的意义与检测技术发展现状,城市热力管道的结构及损伤特点,基于弱磁检测技术的城市热力管道腐蚀、泄漏检测系统的设计,城市热力管道检测信号处理技术及室内管道检测实验,城市热力管道现场检测工艺的制定以及应用弱磁腐蚀、泄漏检测仪器所进行的相关实际检测案例等。

本书可作为高等学校无损检测及相关专业学生、教师的参考用书,也可供从事热力管道无损检测研究与工程应用的科研人员和工程师参考。

图书在版编目(CIP)数据

城市热力管道弱磁非开挖检测技术 / 于润桥,夏桂锁著. —北京:科学出版社,2020.4
  ISBN 978-7-03-063765-9

Ⅰ. ①城… Ⅱ. ①于…②夏… Ⅲ. ①市政工程-供热管道-管道检测-研究 Ⅳ. ①TU995.3

中国版本图书馆 CIP 数据核字(2019)第 283083 号

责任编辑:朱英彪 纪四稳 / 责任校对:何艳萍
责任印制:吴兆东 / 封面设计:蓝 正

科学出版社 出版
北京东黄城根北街 16 号
邮政编码:100717
http://www.sciencep.com
北京中石油彩色印刷有限责任公司 印刷
科学出版社发行 各地新华书店经销
*
2020 年 4 月第 一 版 开本:720×1000 B5
2022 年 2 月第二次印刷 印张:10 3/4
字数:216 000
定价:88.00 元
(如有印装质量问题,我社负责调换)

前　言

城市热力管道是城市基础设施的重要组成部分。近年来，随着我国城市化建设的迅速推进，人口密集化和建筑物集中化的发展趋势显著，热力管道输运需求急速增大。原有管道因服役时间不断增加而日益老旧，功能逐渐减弱，不断出现腐蚀、老化、开裂等问题，"跑、冒、滴、漏"现象非常严重，一方面造成能源的巨大损失，另一方面使得发生事故概率增大，存在安全隐患。

城市热力管道的检测分为评价损伤状况的腐蚀检测与评价泄漏状况的泄漏检测两种方式。对于管道泄漏，一般可通过检测管道所输送的泄漏物质或泄漏对管道运行所产生的影响来对泄漏点进行定位；对于腐蚀状况，一般是对管道金属量的损失情况进行检测。

城市热力管道所处环境与石油、天然气等长输能源管道不同，主要分布在人口密度较大的城区，各类城市管道纵横交错，管网密度大，地下环境复杂，这给泄漏点检测及管道壁厚分析带来很大的困难。一旦出现严重腐蚀，发生管道破损，不仅会带来人员伤亡，而且可能伴有其他设备的损坏，其抢修条件也相当苛刻（如不能影响城市交通、道路设施、绿化设施等），开挖、维修费用极为昂贵。

基于弱磁无损检测技术的城市热力管道腐蚀、泄漏检测仪器能够在距离钢质管道2~3m的范围内探测管道的腐蚀与泄漏情况，无须进行条件较为苛刻的内检测或成本较高的开挖检测，具有非常广阔的应用前景。推广热力管道的非开挖检测技术，能够在役检测管道的损伤状况，最大限度地节省人力、物力，可获得可观的经济与社会效益。本书旨在普及城市热力管道非开挖检测技术以加快该技术的研究与发展，同时展现近年来作者在城市热力管道弱磁非开挖检测技术领域的研究成果。

本书内容丰富，涵盖面广，其中既有对城市热力管道非开挖检测意义的介绍和阐述，也有对弱磁非开挖检测应用案例的详细介绍；既有对弱磁无损检测仪器的详细介绍，也有城市对热力管道非开挖弱磁检测工艺的探讨。本书第1章为绪论，介绍城市热力管道损伤检测的意义、发展现状及技术难点；第2章介绍城市热力管道的结构及损伤特点，阐述城市热力管道的基本结构、敷设方式及周边环境特点，以及管道损伤原因及损伤类型；第3章介绍城市热力管道腐蚀检测系统的设计，重点介绍检测系统的设计要求、软硬件设计、适用范围、技术指标及检测方式；第4章介绍城市热力管道磁-温-湿综合泄漏检测系统的设计，重点介绍检测系统的原理、系统设计及管道泄漏点判定方法；第 5 章介绍城市热力管道检测信号的处理技术，主要阐述管道损伤的判断原理、损伤信号的分析方法、损伤标定方法及管道检测干扰信号的分析方法；第 6 章详细介绍利用城市热力管道腐蚀检测系统在实验室内进行的检测实验情况，为工程实际检测做好数据准备；第 7 章介绍城市热力管道的现场检测工艺制定，主要包括检测的前期准备工作及现场检测工艺制定的具体条款；第 8 章为工程检测案例，介绍利用城市热力管道磁-温-湿综合泄漏检测系统进行实际工程检测的两个案例及利用城市热力管道腐蚀检测系统进行实际工程检测的一个案例。

　　本书第 1 章和第 2 章由于润桥撰写，第 3～8 章由夏桂锁撰写，胡博、程东方和程强强为本书提供了部分资料。本书的出版得到国家自然科学基金项目(51765048)的支持，在此表示感谢。

　　限于作者水平，书中难免存在疏漏和不妥之处，敬请广大读者不吝指正。

作　者

2019 年 12 月

目　　录

第1章　绪　　论

城市地下管网是城市规划、建设和管理的重要资源，其中的热力管道作为城市基础设施的重要组成部分，在工业生产和人民生活中发挥着越来越重要的作用。随着经济的不断发展，我国城市集中供热需求快速增长，工业供热总量及城镇供暖覆盖面积大幅增加。然而，随着服役时间的增加，原有热力管道日益老旧，功能逐渐减弱，因长期腐蚀而引起的泄漏事故时有发生，存在较大安全隐患[1]。近年来，我国越来越重视城市热力管道腐蚀与泄漏检测相关技术的研究，城市热力管道安全问题已经成为市政地下管道服役安全研究的重点问题和城市基础设施建设的热点议题。

1.1　城市热力管道损伤检测的意义

管道是当代工业和城市生活的重要组成部分，被广泛应用于运输领域，如油气输送、输水、输电、通信、交通等。随着科学技术的不断提高和工业技术的日益发展，地下管线的使用日益增多，越来越多的新型管道被投入使用。20世纪90年代以来，城市热力管道这种城市基础设施的建设得到飞速发展，全国建设有集中供热设施的城市占比已接近五成，其中在秦岭—淮河以北的城市绝大多数设有集中供热设施，且规模较大、发展较快，热力管网的热源也从分散式热源向多热源发展，使热效率不断提高[2]。

目前，集中供热是保证人民冬季生活室内取暖需求的主要手段之一。在集中供热的城市，其集中供热系统主要由三大部分组成：热源、热力管网和热用户。随着城市基础设施建设的不断完善，热力管网的建设也进入高速发展阶段，并有向南方发展的趋势。随着时间的推移，大管龄的管道数量不断递增，这些管道在运行磨损、环境腐蚀、气候变化，甚至人为因素的综合作用下问题频出，不仅造成国民经济的损失，也威胁着人们生命财产安全。例如，2013年1月11日北京石景山区金安桥北200m处北京热力集团某热力井发生热力管道热水泄漏事故，导致石景山1万户居民家中停暖；2013年4月北京饭店A座和E座地下热力管道发生泄漏，9名工作人员被不同程度地烫伤。热力管道腐蚀泄漏不仅会造成不可预知的经济损失，而且因其泄漏事故往往发生在寒冷的冬季，还会引起严重的社会问题，因此必须想方设法减少泄漏事故的发生。

城市是人口聚集的区域，不仅灯箱、电线杆、窨井盖等地面设施复杂，地下环境也颇为复杂，自来水管道、污水管道、线缆等在地下交错埋设。城市热力管网大多敷设于路面之下，管道压力较大，且管道上方一般人员密集，因此一旦发生爆裂，极易造成人员伤亡。在实际工作中，由于检测设备和工作环境的限制，热力管网的日常检修较为困难，这严重威胁到热力管网的运行安全。

对城市热力管道进行定期的腐蚀检测具有非常重要的意义。在定期检测中对管道腐蚀状况进行评价，发现管道腐蚀量达到预警值或已经出现泄漏点，便可及时对热力管网进行必要的维护、维修或更换管体等工作。管道腐蚀检测一般在非供暖期进行，不会影响居民的正常供暖，所以是一种提升管道安全运行水平的有效手段。

对于热力管道泄漏检测，目前通用的做法是采用阀门分段判断的方法对泄漏点进行初步定位，再通过目视、听音、负压波等方法进行非开挖检测与判断。热力管道泄漏检测尽量采用非开挖检测方式进行，必要时再采取开挖技术手段。

管道监测技术需将传感器随管道一同敷设，对施工条件及施工技术的要求较高，该技术已在北欧等一些发达国家得到了大力发展，但在国内，由于历史及现有条件的限制，管道监测技术发展缓慢，目前在城市中存在着大量不具备监测手段的管道；城市环境复杂，进行热力管道的内检测或开挖检测都异常困难。基于上述原因，本书针对城市热力管网中的腐蚀及泄漏检测问题，介绍在役非开挖管道损伤检测方法，该方法可以提升热力管网的运行安全等级。

1.2　城市热力管道检测技术发展现状

城市热力管道的检测主要分为评价损伤状况的腐蚀检测与评价泄漏状况的泄漏检测两种[3]。当管道发生泄漏时，一般通过检测管道所输送的泄漏物质或泄漏对管道运行所产生的影响来对泄漏点进行定位。对于管道腐蚀状况，一般是对管道金属量的损失情况进行检测[4]。

1.2.1　泄漏检测技术

我国虽是供热大国，但热力管道检测的研究起步较晚，相比俄罗斯、日本等，在供热技术应用方面相对落后。近年来，国家和行业内部对这一领域投入了较多的研究，不少研究机构及学者提出许多关于热力管道泄漏检测的方法[5]。

1. 早期泄漏检测方法

在很长一段时期内，我国在热力管道泄漏检测方面的方法不多、技术不成熟，针对热力管道的基本检测还停留在出现泄漏后再查泄漏点这种初级方式。检测泄漏点的主要方法包括以下三个层次[6]：

(1) 热力站检测。早期热力管网大多采用闭环式循环方式,当管道未发生泄漏时对管道使用情况(壁厚值、防腐层破损等)重视不足或检测手段较少。当管道某处发生泄漏时,管道内的压力会下降,且出现闭环内水量减少的现象。此时只知道管道存在泄漏,无法确定管道泄漏位置。

(2) 主干/分支管道泄漏排查。发生泄漏时,管理部门对该供热区域进行主干/分支管道泄漏点排查(利用管网中的阀门),确定是主干管道发生泄漏或分支管道发生泄漏。若分支管道发生泄漏,由于其管道较短,查找泄漏点与维修较为容易;若主干管道发生泄漏,则需对主管道泄漏点进行定位。

(3) 主干管道泄漏点定位。对主干管道泄漏点的定位主要采用人工检测的方法,包括测量地表温度、阀门隔离、阀门听音等方法。但利用测量地表温度的方法进行检漏极易产生误判,阀门隔离也只能进行大致定位且主干管道阀门距离较远,阀门听音方法极易受到外界干扰。

2. 现代泄漏检测方法

近年来人们对城市热力管道的安全使用越来越重视,提出多种针对城市热力管道检测的方法。目前,针对泄漏检测的方法有声学检测法[7,8]、红外热辐射法[9]、负压波检测法等,针对泄漏监测的方法有光纤光栅法[10]、阻抗监测法等。这些方法可以较为准确地找到热力管网中的泄漏点,但受外界环境及工作人员的影响较大,且无法获得管道未泄漏区域的使用情况[11]。

1) 声学检测法

在非开挖情况下探测埋地管道泄漏的位置,主要采用听音、声波等相关方法,使用的仪器主要有听漏仪和声波仪器等。

听漏仪检测埋地热力管道泄漏位置的原理是:当水从破损处泄漏后,由于具备质量和初速度,会冲击管体周围的土壤介质,形成振动,并以波动形式,等势面呈球面向四周分散传播。与水噪声传播初始位置的距离越近,该处的声强越大,在地面沿管道检测水声波,则在漏水点地面投影点处附近有最大声强。利用这个特点,可以使用听漏仪采用地面听音的方式探测埋地热力管道泄漏的位置。由于听漏仪是在地面捕捉漏水声,容易受传播介质(土壤和路面)声学性质的影响,而现代城市各种强烈的干扰噪声也会使这类仪器产生较大的测量误差。

声波仪器探测埋地热力管道泄漏位置的原理是:声波仪器由主机和两个对称的发射机组成,两发射机通过检测漏水声源沿管道向两侧传播的噪声信息,经无线或有线方式将数据传输到主机,主机采用其相关的数学物理方法进行运算,最终给出漏水点的位置。热力管道漏水时,漏水声音会沿管道传播,在两端放置的传感器会收到漏水信号。若漏水点正好在中间,则漏水信号同时到达;若漏水点不是在中间,则漏水信号到达时间会有先后而得到时间差 t。设总距离是 L,声音

传播速度是 v，则可以求得漏水点到传感器的距离 N，计算公式为 $N = (L - v \times t)/2$。但是，城市热力管道复杂的分支结构对这种方法的干扰很大。

2) 红外热辐射法

热辐射和其他辐射一样，是由于物体内部微观粒子的热运动而激发出来的电磁波能量。任何温度在绝对零度以上的物体，均在不停地向外发射热辐射能量，同时也不停地吸收周围物体投射过来的辐射能量。辐射能量密度与物体本身温度的关系符合辐射定律，通过检测物体辐射的红外线的能量，可以推知物体的辐射温度。利用红外热辐射温度传感器接收被检测物体表面向外辐射的红外线，并通过相关的成像技术将其转换为可见的热场分布云图，可通过分析温度场异常来确定管道泄漏信息。

3) 负压波检测法

如果管道的某个位置发生了泄漏，那么管道内外便会形成一定的压差，管道内部流体会迅速流出，泄漏点周围的液体在压差的作用下会向泄漏点流动，形成一个以泄漏点为中心的压力波动，即负压波，负压波以一定的速度向泄漏点的两端传播。负压波检测法是利用安装在管道两端的压力传感器检测压力波动的信号，根据两端传感器接收到负压波的时间差来找到泄漏点的位置。

然而，负压波检测法也存在如下所述的问题：①一般将负压波在管道中的传播速度作为一个定值，即认为负压波在管道中的传播速度为声波在介质中的传播速度；而在实际运行的管线中，传播速度与传播介质的密度、压力、比热容以及管道的材质及传输介质的流速等有关，所以不是定值。②管线在运行环境中不可避免地会存在一些干扰，如电磁干扰、泵的振动、工况变化等，因此传感器采集到的压力信号附有大量的噪声，这就使得精确识别压力突降点变得困难。压力突降点的准确识别不仅决定了泄漏检测的灵敏度和可靠性，还决定了负压波时间差的精度，进而影响定位精度。

4) 光纤光栅法

热力管道泄漏后，泄漏出的热水会使热力管道周围土壤温度升高，而光纤光栅温度传感器可感知温度变化，从而及时发现泄漏。光纤光栅法就是利用光纤光栅温度传感器的温度特性，结合热力管道泄漏处的温度场变化规律，进行埋地热力管道泄漏检测系统的工程应用，实现热力管道关键点温度的连续检测，能够及时、准确地发现泄漏。但这种方法需在管道敷设时预置光纤光栅传感器和监测线路，在一些老旧管道上无法实现。

5) 阻抗监测法

阻抗监测法依托于热力管道漏点检测系统(leakage detection system, LDS)，可及时、准确地发现热力管道保温层内部的泄漏及保温层损坏导致的地下水渗入，从而采取恰当的补救措施。

目前广泛应用的热力管道漏点检测系统是通过管道保温层中的传感器导线对泄漏情况及泄漏点位置进行检测。泄漏的液体会改变检测系统的阻抗，根据这一原理，检测传感器导线间的电阻和传感器导线与管道之间的阻抗(通常管道是接地的)可以获得热力管道泄漏信息。由于阻抗可连续测量(由电力网供电)、间歇测量(由电池供电)，将测量值与历史数据和设定值进行比较，即可判断管道是否泄漏。设定值可以远程设置和现场设置，设定值取决于管道长度和测量频率，测量值和报警信号将传送到中央计算机系统。如果发生报警，漏点检测系统将自动显示泄漏位置，用泄漏位置到节点的距离占节点间传感器导线长度的比例表示泄漏点的准确位置，测量精度不低于 0.5%。过去的检测技术采用铜线作为传感器导线，通过检测脉冲响应判断泄漏并定位泄漏点。而新的检测技术采用镍铬线作为传感器导线，可以判断泄漏强度，并精确确定泄漏点位置。

管道漏点检测系统需要配套建设完整的监控系统，投资规模较大，可对旧有管道进行改造或在新敷设管道时随管道共同布置。

1.2.2 腐蚀检测技术

对于管道腐蚀状况的检测，在石油、天然气、热力等气体和液体介质的输送行业，有多种管道缺陷检测技术，主要可以分为内检测技术与外检测技术两类[12]。

1. 内检测技术

内检测技术主要用于管径较大的长距离油气管道，它是在清管器上加装传感器以达到连续长距离检测的目的，这种检测方法需在被检测管道停产、清管后方可使用。其代表产品有美国 Baker Hughes 公司的阴极保护电流内检测器(cathodic protection current mapping, CPCM)、法国 Exavision 公司的 VectorOrphée 内检测器、美国 GE-PII 公司的 MagneScan 高清晰度漏磁检测器、德国 ROSEN 公司 RoCD^2 内检测器，以及我国沈阳工业大学杨理践团队的漏磁内检测器等[13]。

清管器是随着管道的输送介质向前推进并用来清理管道的专用设备，根据在清管器上加装传感器的不同，陆续出现了应用于管道缺陷检测的智能清管器漏磁仪、智能清管器超声波仪和智能清管器涡流检测仪。

根据在检测仪器上加装传感器的不同，管道内检测仪器主要基于漏磁检测、超声检测和涡流检测三种技术，下面分别进行介绍。

漏磁检测应用于管道评估中已有较长的历史，技术相对成熟。其原理是向被检测铁磁性管道施加一个固定大小的磁场，在该环境下，管道有缺陷部分的磁导率要小于管道无缺陷部分的磁导率；管道经过磁场磁化后，利用传感器采集管体内部的磁感应强度信号，管道无缺陷处的磁力线分布均匀，有缺陷处的磁力线则因磁通路径选择而发生弯曲变形，通过这一特点能够检测出管道缺陷的位置。该方法除了在检测平直管道时具有较高的可信度之外，还能对缺陷进行初步量化，但是由于检测时的特殊性，它只适用于检测壁厚较薄的管道，而且在检测过程中遇到管道弯头时不能保证探头和管道完全接触，从而影响最终的检测结果。国外对漏磁检测技术的使用要早于我国，第一台漏磁管道检测仪由美国 Tuboscope 公司于 1965 年设计研发，并成功应用于实际检测工程中。此后该类仪器被国际认可，并产生了越来越多的多功能新型仪器。我国自从引进这类技术后，对其进行吸收和自主研发，取得了很大的进展，目前已有部分产品实现商业化。沈阳工业大学的杨理践团队正在进行长输油气管道漏磁内检测技术的研究，并已经实现了工程化[14]。

超声波检测技术主要是利用超声波穿过不同壁厚的同种介质时接收到反射波的时间差异，检测出壁厚变薄的区域，可直接获得管壁厚度和缺陷的深度，具有较高的检测精度。但是，用该方法检测时要求管道与探头之间有液体耦合剂，因此更多地适用于输送液体的管道；而石油管道中的稠油容易吸收检测时的液体耦合剂，导致其在管道检测应用的范围更小。20 世纪 80 年代第一台超声检测仪问世至今，超声波检测技术被广泛应用于各类检测工程中。最先将该技术应用于管道腐蚀检测的是日本的 NKK(日本钢管株式会社)[15]和德国的 Pipetronix 公司[16]。

涡流检测技术是一种依靠电磁感应原理进行探测的电磁检测技术，具有不需要与被检测物体接触、不需要耦合剂、检测速度快、检测面积大和自动化程度高等特点。当给发射线圈通以特定频率的电流时，管道内壁会因为电磁感应的作用而产生涡流，可通过涡流效应对导体材料中的缺陷进行分析。一旦管壁中存在缺陷，涡流形成的感应电动势就会发生明显的变化，测量线圈内的电压也会因这一变化而产生异常。受检测原理限制，管道表面存在磁性污垢等磁性氧化物会对涡流检测的检测结果产生较大影响。国外对于涡流检测技术的应用已较为成熟，生产了许多可以应用于实际工程中的设备。我国于 20 世纪 90 年代才开始涡流检测设备的研究，尽管在许多方面取得一定的成就，但是至今自主研发的涡流检测设备在工程实际应用中仍然无法令人满意。

上述三种技术在一定程度上都能检测出管道内壁缺陷，并对缺陷进行定性及定位的判定，但是由于检测时对环境的高要求以及检测方法本身的不足，这几类技术在检测时存在较大的局限性，或者需要停产停工，或者对管径等管道条件要求较高。另外，城市热力管道需要设置较多的补偿器，且这种补偿器一般都是变径的，因此对于城市埋地热力管道，内检测方法难以实际应用。

2. 外检测技术

外检测技术是利用电磁手段对管道进行非开挖检测[17]，主要包括磁记忆检测法、等效电流中心偏移法、瞬变电磁法、地面电测量法等，这些检测方法都已开展了实际工程应用[18]。磁记忆检测法和等效电流中心偏移法存在抗干扰能力差的缺点，无法满足城区这样电磁干扰较大的检测环境。瞬变电磁法采用主动发射激励信号并接收管道反馈信号的检测方法，具备一定的抗干扰能力，较适合在城市中使用。地面电测量方法是一种检测费用低、适用管径范围大的检测地下金属管道腐蚀状况的方法，能够对腐蚀点的腐蚀程度进行分级。

在国外，针对埋地管道管体腐蚀的地面检测技术以等效电流中心偏移法和磁记忆检测法为主，而我国通常采用地面电测量法及瞬变电磁法。国内外主要外检测技术的特点对比如表 1.1 所示。

表 1.1 国内外主要外检测技术的特点对比

检测特点	等效电流中心偏移法	磁记忆检测法	地面电测量法	瞬变电磁法
方法类别	频域电磁法	磁法	电法	时域电磁法
数据采集方式	点测	全覆盖	全覆盖	全覆盖、点测
主要检测内容	金属损失量	管体损伤	金属损失量	管壁厚度、缺陷
检测费用	高	高	未知	低

1) 等效电流中心偏移法

等效电流中心偏移法是根据频域的电磁原理在地面上通过检测埋地管道金属量损失率来评价腐蚀严重程度，其检测设备如图 1.1 所示。发电机为信号电流源

(a) 发电机与信号电流源　　(b) 信号源直接连接到开挖出的管道上

(c) 传感器与处理器　　(d) 检测标志桩连接信号电流

图 1.1 等效电流中心偏移法埋地管道检测设备

供电，信号电流源一端接到检测标志桩上，另一端接到裸露的管道上，阵列传感器在两接线点间沿管道进行检测。信号电流源可以输出低频到高频的信号，在不同频率的检测条件下，接收器接收到的等效电流和管道轴心的偏离位置不同，具体表现为：在高频检测条件下，由于趋肤效应，信号电流分布在管壁外表，等效电流中心基本与管道轴心一致；在低频检测条件下，信号电流分布与管体金属分布状态有关，等效电流中心偏离管道轴心，向金属分布重心偏移。若金属腐蚀发生在管道下部，则等效电流中心向上偏移；若金属腐蚀发生在管道左侧，则等效电流中心向右侧偏移。因此，可以依据高、低频检测条件下的等效电流中心相对偏移情况来判断管体腐蚀缺陷的位置。

根据其原理可知，此种方法只能检测关于管道轴线非对称的金属损失，不能检测管道壁厚均匀减薄的情况。

2) 磁记忆检测法

磁记忆检测法是一种建立在磁法勘探手段和金属磁记忆检测原理之上的检测方法。铁磁性材料的物体在不附加外磁场时能自发性地形成若干个方向不同的磁畴，此时磁畴对外表现为无磁性；当加入外磁场使物体磁化后，磁畴的方向与磁化方向一致并对外表现出强烈的磁性。绝大多数的管道都是铁磁性工件，在地磁场的作用下，被磁化管道无缺陷处和有缺陷处的磁场有所不同，通过该特点对所得数据进行分析可以得到缺陷所在的位置。

3) 地面电测量法

地面电测量法是由刘崧等[19]提出的用来测量地下金属管道腐蚀情况的新方法，其检测原理是：管道发生腐蚀时管道截面积减小，导致测得的电位差振幅频谱和相位频谱的峰值变小，腐蚀越严重，相应的峰值也越小。检测时在被检测管道直径的两端处分别放置发射电极和接收电极，两电极连接后改变发射频率，使用广谱电测仪对不同频率下的交流电位差振幅和相位进行测量；测量结束后对数据进行分析得到相位和振幅频谱曲线，通过相位频谱曲线查询测量异常幅值点，最终确定缺陷的位置及腐蚀程度。该方法对检测环境的要求比较苛刻，目前还未生产出专用的检测仪器。

4) 瞬变电磁法

瞬变电磁法属于时域电磁法，是通过发射器发射一个原始方波信号，在信号关断后利用接收器采集检测目标反馈回来的信号，最终通过专门软件分析换算出管道壁厚，判断出缺陷位置及大小。这一原理最初是在 20 世纪 40 年代提出并应用于地质结构的探测和分析。随着对这一原理的进一步研究，越来越多的建立在其基础上的仪器诞生并广泛应用于钻井、海洋和航空等领域。Wait[20]在 1951 年通过示波器观测到瞬态感应电压，提出将该方法应用于导电矿体的寻找。随着电子技术和计算机技术的飞速发展，对于瞬变电磁仪的研究取得了极大进展，仪器的性能更加稳定，检测结果也更为可靠。其中，加拿大 CRONE 地球物理勘探公司的 DigitalPEM 系统、诺尼克公司的 EM 系统、凤凰地球物理公司的 V8 多功能电法设备、多伦多大学的 UTEM 系统和澳大利亚联邦科学工业研究院的 SIROTEM-Ⅲ 型瞬变电磁仪在应用中取得了显著的效果。我国自从引进瞬变电磁法以来，在仪器研发方面取得了喜人的成就，包括中国地质科学院地球物理地球化学勘查研究所的 IGGETEM-20 瞬变电磁仪、长沙智通技术研究所的 SD-50 系统、吉林大学仪器科学与电气工程学院的 ATEM-Ⅱ 型瞬变电磁仪、重庆奔腾数控技术研究所的 WTEM 瞬变电磁仪、中国地质大学的 CUGTEM-GK1 型和 CUGTEM-4 型瞬变电磁仪以及西安强源物探研究所的 EMRS-2 型瞬变电磁仪等[21]。

比较各种管道内、外检测技术，对于没有安装热力管道漏点监测系统的老旧管道，非开挖检测是首选，然而在状况复杂的城市内部，非开挖条件下实现城市热力管道的无损检测具有很大的难度。因此，研发一种快速有效的非开挖无损检测技术，用于实现城市复杂环境下的热力管道检测，具有很大的实际意义。

1.3　城市热力管道检测的难点

最初的城市供热系统是相互独立的，后来其供热方式由分散供热逐步向集中供热发展，早期热力管道没有统一的敷设与安装标准，一段时间后，大部分热力管道的敷设图纸已无据可查。随着供热等基础设施的不断发展，为了减小安全事故隐患，我国于 1996 年出台了《压力管道安全管理与监察规定》、2004 年出台了地暖设计行业标准《地面辐射供暖技术规程》(JGJ 142—2004)①、2010 年出台了《城镇供热管网设计规范》(CJJ 34—2010)等，在一定程度上减小了重大事故的发生概率，但是供热管道所处环境的恶劣性导致管体腐蚀泄漏的事故还是在不断发生。由中国城市建设研究院有限公司、中国城镇供热协会、北京市热力集团有限责任公司为主要起草单位编写的《城镇供热服务》(GB/T 33833—2017)标准于 2017 年发布，于 2018 年 4 月 1 日实施，为供热系统的安全运行添加了新的制度标准[22,23]。

城市热力管网主要分布在人口密度大的城区，各类城市管道纵横交错，管网密度大，地下环境较为复杂。城市热力管道所处环境与石油、天然气等长输能源管道不同，其主要敷设在沥青、混凝土路面下，泄漏点检测及管道壁厚分析比较困难。一旦热力管道出现严重腐蚀，发生管道破损，不仅会带来人员伤亡，还可能伴有其他设备的损坏，其抢修条件也相当苛刻(如不能影响城市交通、破坏道路、

---

① 该标准已作废，现行标准为《地面辐射供暖技术规程》(JGJ 141—2012)。

影响绿化设施等)，费用极为昂贵[24,25]。

城市热力管道检测的难点主要有如下几个方面。

1) 管道敷设方式多样

埋地热力管道的敷设方式分为地沟敷设和直埋敷设。地沟敷设是在地下利用钢筋混凝土修建沟道，在沟道内敷设多种管道，环境复杂，无法实现地面非开挖检测。热力管道的非开挖检测技术主要针对直埋敷设管道，即使是直埋敷设，也因覆土类型、供热类型、敷设空间等不同而需要调整敷设方式。

2) 管道附件多样

供热系统由管道本身和管道附件组成。管道附件是安装在管道和设备上的管件、阀门、补偿器、支吊架、器具的总称。城市热力管道每隔 20~30m 就会有一个管道附件，密度很大。由于历史原因，施工时布置的管道附件的大小、型号、位置等信息通常没有详细准确的记录，而且这些管道附件都埋在地下，地面无从发现，给地面非开挖检测带来困难。

3) 老旧管道施工数据不全

在我国，一些老旧管道施工过程中的标准化工作做得不好，在管道敷设过程中，某些管道直径的变化及某段管道的截断等施工操作没有记录，给后续的管道检测带来不便。

4) 地面设施多样

热力管道大多处于城市街道环境中，街道上的灯箱、电线杆、汽车等外界事物众多，对热力管道检测信号的获取和处理都会带来不同程度的干扰。

5) 管道周围环境多样

管道周围环境多样主要表现在如下几点：

(1) 土体类型。埋地管道的回填土方一般都是就地取材，施工地域不同，管道周围的土壤成分就会不同，对管道的应力影响也会不同。

(2) 管道覆盖层厚度。管道的覆盖层厚度一般会受到施工环境的影响，在不同的地段会有一定的变化。当热力管道与埋在地下的电缆、自来水管发生冲突时，由于其变向较为容易，往往需要为其他设备让路，会发生热力管道在地下绕过电缆或自来水管的状况，从而使其埋深被动地发生变化。

(3) 地下水位。在埋地管道工程中，需要采用挖掘管道沟槽的施工方法。地下水位的高低会影响管道周围的湿度，进而影响管道周围的电导率。

1.4　弱磁技术用于城市热力管道检测的优势

任何物质都具有磁性，就是说磁场中任何物质都会表现出一定的磁性，进而影响原本的磁场。材料中的缺陷和不连续处本质上都是物质的变化，在自然地磁场(这种缓慢变化的磁场可近似看作静磁场)中这种变化会表现出不同的磁特性，引起材料周围磁感应强度的变化。

弱磁无损检测技术是在天然地磁场的环境下，通过测磁传感器，在被检测物体近表面或一定距离内采集不同方向上磁感应强度的变化，经过数据处理后判断被检测物体中是否存在缺陷及缺陷位置和大小的一种电磁无损检测技术。

弱磁无损检测技术是在天然地磁场的环境下进行检测的，不需要外加激励源，采用的测磁传感器体积小、分辨率高，其具有如下优点：

(1) 不需要对被检测试件的表面进行清理或其他预处理，使被检测试件在原始状态下进行检测，可同时检测表面和内部缺陷，操作方便、快速，能够很好地适应现场检测的需求；

(2) 适用于铁磁性材料和部分非铁磁性材料[26]，如碳钢、不锈钢、铝合金、复合材料、有机玻璃等，突破了传统磁法不能检测非铁磁性材料的局限性；

(3) 适用于检测管材、棒材、板材、型材及各种焊接件[27]，根据检测对象的不同，可设计不同的传感器阵列；

(4) 可检测裂纹、夹杂、气孔、腐蚀、变形等多种类型的缺陷。

城市热力管道的管道本体一般为无缝管、螺旋焊管或直缝焊管，外保温层为聚氨酯。由于管体本身的磁性较强，利用分辨率可达纳特斯拉(nT)级的弱磁传感器就能够在距离管道几米的地方检测到管道的腐蚀状况，且其他管道附件对弱磁信号的干扰较小。弱磁无损检测技术对管道内部的传输介质没有限制，对于带包覆层的管道，可在不拆除包覆层的情况下进行检测。因此，利用弱磁无损检测技术检测城市埋地热力管道是一种值得尝试的方法。

将被检测的钢质管道试件置于地磁场环境中，如果管道材质分布比较均匀且无缺陷，那么在地磁场作用下管道表层产生的磁力线将呈均匀分布；如果试件中存在缺陷，那么由于管道缺陷区域的磁导率发生了变化，该区域周围的磁力线会发生异常变化。管道剖面弱磁检测原理如图 1.2 所示。设管道试件的相对磁导率为 μ，一类缺陷的相对磁导率为 μ_1，另一类缺陷的相对磁导率为 μ_2，水平方向的箭头表示通过该被检测试件的某一方向的磁感应强度分量的方向。当缺陷处磁导率为 μ_1 且 $\mu_1 > \mu$ 时，缺陷区域对磁力线产生一定的吸引作用，使得穿过缺陷区域的磁力线密度增大，因此当测磁传感器靠近缺陷区域时，曲线会有一个向下凹陷的异常，如图 1.2(a) 所示。当缺陷处磁导率为 μ_2 且 $\mu_2 < \mu$ 时，缺陷区域对磁力线产生一定的排斥作用，使得穿过缺陷区域的磁力线密度减小，因此当测磁传感器靠近缺陷区域时，曲线会有一个向上凸起的异常，如图 1.2(b) 所示。

从理论上可知，对于管壁内腐蚀及裂纹等缺陷，空气的磁导率远小于钢质管道的磁导率，因此缺陷处磁感应强度曲线会产生向上凸起的磁信号异常。

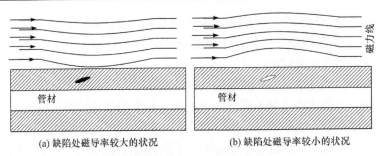

(a) 缺陷处磁导率较大的状况　　　　(b) 缺陷处磁导率较小的状况

图 1.2　管道剖面弱磁检测原理图

1.5　本书主要内容

热力管道的非开挖检测技术能够在役检测管道的损伤状况，最大限度地节省人力、物力成本。本书介绍基于弱磁检测原理的热力管道非开挖检测技术，按照从需求分析到典型应用的方式，对城市热力管道非开挖检测仪器的软硬件、数据处理方法、现场检测工艺、现场应用等进行了详细介绍，使读者在阅读本书后不仅能够清晰理解热力管道损伤检测技术的相关知识，而且能够了解热力管道非开挖损伤检测的实际应用情况。本书主要内容和基本结构如下：

第 1 章绪论，介绍城市热力管道非开挖在役损伤检测的重要意义及腐蚀、泄漏检测的技术现状，并分析城市热力管道损伤检测的难点及各种信号干扰因素，简单介绍弱磁检测技术的特点及在管道检测中的应用优势。

第 2 章城市热力管道的结构及损伤特点，从现代供热系统的分类出发介绍热力管道的布置方式、敷设方式及相关管道附件，从管道外腐蚀、内腐蚀、腐蚀造成的泄漏等方面介绍城市热力管道损伤的特点。

第 3 章城市热力管道腐蚀检测系统设计，从仪器的需求入手，介绍热力管道腐蚀检测系统的硬件与软件设计、所需的相关配套附件，以及仪器的技术指标及检测方式。

第 4 章城市热力管道磁-温-湿综合泄漏检测系统设计，介绍城市热力管道磁-温-湿综合泄漏检测系统的检测原理、软硬件设计及技术指标等。

第 5 章城市热力管道检测信号处理，首先论述管道损伤判断的原理，然后介绍管道检测的损伤标定方法，最后重点阐述基于相似性理论的管道干扰信号分析方法。

第 6 章室内管道检测实验，主要介绍在实验室进行的管道损伤模拟检测实验。

第 7 章现场检测工艺，介绍现场检测中管道周边状况的探查、管道走向及埋深的检测方法，并详细介绍热力管道非开挖检测的现场检测工艺制定条款及损伤评价方法。

第 8 章工程检测案例，介绍利用城市热力管道磁-温-湿综合泄漏检测系统和城市热力管道腐蚀检测系统在呼和浩特、宁波进行管道泄漏检测及在天津进行管道腐蚀检测的现场检测案例。

1.6 本 章 小 结

城市热力管道一般位于人口密集的城区路面之下，与供水管道、电力线缆、通信线缆等共同组成了城市地下管道系统。热力管道发生腐蚀泄漏往往出现在其服役期间，且所处环境恶劣，必须尽快找出腐蚀泄漏位置，进行维修，因此对腐蚀泄漏的检测要求很高。本章主要介绍了城市热力管道损伤检测的意义、城市热力管道检测技术的发展现状，结合城市热力管道所处环境特点分析了热力管道检测的难点，引出能够用于城市热力管道非开挖检测的弱磁无损检测技术。

参 考 文 献

[1] 蒋秋爽, 郑德龙. 谈如何进行采暖改造[J]. 民营科技, 2009, (3): 191.

[2] 张兆平. 浅谈供热管网设计[J]. 建筑工程技术与设计, 2017, (1): 213.

[3] 王长荣, 李雯霞. 埋地热力管线腐蚀失效的形式[J]. 四川建材, 2013, 39(1): 126-128.

[4] 俞蓉蓉, 蔡志章. 地下金属管道的腐蚀与防护[M]. 北京: 石油工业出版社, 1998.

[5] 沈功田, 景为科, 左延田. 埋地管道无损检测技术[J]. 无损检测, 2006, 28(3): 137-141.

[6] 董壮进, 廖荣平, 王淮, 等. 供热管网系统泄漏与堵塞的诊断[J]. 煤气与热力, 2000, 20(3): 192-194.

[7] 张鹏, 蒲正元. 管道缺陷漏磁和超声波检测数据的对比分析[J]. 中国安全科学学报, 2014, 24(10): 113-119.

[8] 刘书宏, 丁菊, 许金沙. 压力管道的超声导波检测技术研究概况[J]. 江苏科技信息, 2018, (5): 44-46.

[9] 周鹏. 红外热成像法探测埋地输油管道的研究[D]. 天津: 天津大学, 2005.

[10] 袁朝庆, 刘迎春, 刘燕, 等. 光纤光栅在热力管道泄漏检测中的应用[J]. 无损检测, 2010, 32(10): 791-794.

[11] 杨淑海. 严重腐蚀减薄后低碳钢管壁厚的远场涡流检测[J]. 无损检测, 2016, 38(1): 58-62.

[12] 林玉珍, 杨德钧. 腐蚀和腐蚀控制原理[M]. 北京: 中国石化出版社, 2007.

[13] 龚文, 何仁洋, 赵宏林, 等. 国外油气管道内检测技术的前沿应用[J]. 管道技术与设备, 2013, (4): 24-26.

[14] 杨理践, 耿浩, 高松巍, 等. 长输油气管道漏磁内检测技术[J]. 仪器仪表学报, 2016, 37(8): 1736-1746.

[15] 陈慧琴. 用超声波检测管道的机器人[J]. 机器人技术与应用, 1995, (5): 28.

[16] Suna R, Berns K. NeuroPipe: A neural-network-based automatic pipeline inspection system[C]. Proceedings of SPIE Advanced Sensor and Control-System Interface, Boston, 1996: 24-33.

[17] 张丰, 赵晋云, 吴晓宁, 等. 埋地管道外检测方法的组合应用与验证[J]. 油气储运, 2009,

28(8): 35-37.

[18] 朱凤艳, 刘全利, 张鹏, 等. 在役管道非开挖外检测技术评述[J]. 油气储运, 2015, (2): 215-219.

[19] 刘崧, 李国华, 孟永良. 检测地下金属管道腐蚀状况的地面电测量方法: 中国, CN1479092[P]. 2004.

[20] Wait J R. A conducting sphere in a time varying magnetic field[J]. Geophysics, 1951, 16(4): 666-672.

[21] 薛国强, 李貅, 底青云. 瞬变电磁法理论与应用研究进展[J]. 地球物理学进展, 2007, 22(4): 1195-1200.

[22] 吴翠松. 金属管道在土壤中的腐蚀与防护[J]. 科技风, 2009, (14): 223-225.

[23] 王存华, 赵书波, 石志强, 等. 热水锅炉炉管腐蚀破坏事故分析[J]. 腐蚀与防护, 2002, 23(9): 409-411.

[24] 孙成, 韩恩厚, 李洪锡, 等. 原位测试研究土壤环境因素对碳钢的腐蚀影响[J]. 中国腐蚀与防护学报, 2002, 22(4): 16-19.

[25] 王贵强. 供热管道的防腐蚀研究[D]. 哈尔滨: 哈尔滨工业大学, 2009.

[26] 廖骏, 夏桂锁, 李浪, 等. 弱磁技术在非铁磁性材料检测中的应用研究[J]. 失效分析与预防, 2016, 11(1): 13-16.

[27] 戴超, 于润桥, 夏桂锁, 等. 平板焊缝的微磁检测技术研究[J]. 无损探伤, 2015, 39(2): 14-16.

第 2 章　城市热力管道的结构及损伤特点

城市热力管道是城市能源供应渠道的重要组成部分，是城市基础建设的主要设施之一。集中供热是保护环境、节约能源、方便人们生活、发展和促进生产的必要保证，是实现城市现代生活的重要标志。分散供热方式一般管道长度较短，但其热效率低，基本没有净化措施，对环境污染大；集中供热方式所采用的热力管网包括主管网和各分支管网，结构较为复杂，管道支路多，热效率高，对环境污染小。为了对城市埋地热力管道进行有效检测，有必要了解城市供热系统的分类、城市热力管道的布置及其损伤特点等内容。

2.1　供热系统的分类

供热系统一般由热源、室外热力管网和用户的室内管道系统三部分组成。

根据室外热力管网中输送的介质不同，供热系统可分为热水供热系统、蒸汽供热系统、凝结水供热系统，目前主要选用的是热水供热系统。而根据室外热力管网中管道根数的不同，供热系统可分为单管供热系统、双管供热系统和多管(三根及以上)供热系统[1]。

热水供热系统主要采用闭式和开式两种形式。在闭式形式中，热网的循环水仅作为热媒，供给热用户热量而不从热网中取出使用。在开式形式中，热网的循环水可以部分地从热网中取出，直接用于生产或将热水供应给热用户。

闭式集中供暖系统示意图如图 2.1 所示。热水沿热网供水管输送到各个热用户，在热用户系统的用热设备内放出热量后，沿热网回水管返回热源。闭式集中供暖系统是我国目前应用最广泛的热水供热系统。

图 2.2 为开式供热系统示意图。开式供热系统是指用户的热水供应直接取自热水网络的热水供热系统。供热方式、热用户及热水网络的连接方式与闭式集中供暖系统完全相同[2]，只是开式供热系统无回水管路。

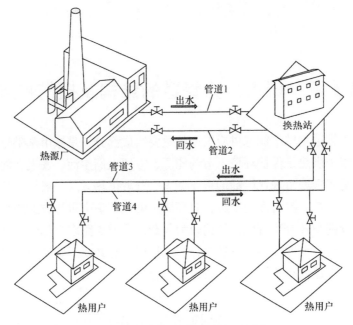

图 2.1　闭式集中供暖系统示意图

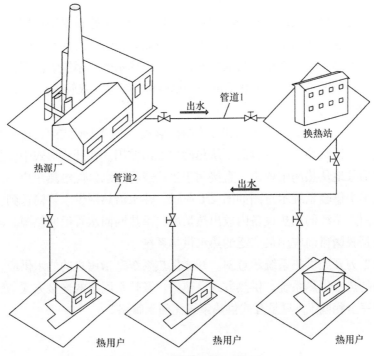

图 2.2　开式供热系统示意图

2.2　城市热力管道的布置

1. 布置原则

热力管道布置的总体原则是技术上可靠、经济上合理和施工维修方便，具体要求如下[3,4]：

(1) 热力管道的布置力求短直，主干线应通过热用户密集区，并靠近负荷大的用户。

(2) 管道的走向应平行于厂区和建筑区域的干道或建筑物。

(3) 布置管道时，应尽量利用管道的自然弯角作为管道受热膨胀时的自然补偿。若采用方形伸缩器，则其应尽可能布置在两固定支架之间的中心点上。

(4) 布置管道不宜穿越建筑扩建地和物料堆场，尽可能减少与公路、铁路、沟谷和河流的交叉，以减少交叉时必须采取的特殊措施。在热力地沟分支处应设置检查井或人孔，所有的管道上必须设置阀门且装在检查井或人孔内。

2. 布置方式

集中供热系统中，热力管道把热源与用户连接起来，将热媒输送到各个用户。管道系统的布置方式是由热媒、热源和用户的相互位置、供热地区用户的种类、热负荷大小和性质等共同决定的，遵循安全和经济性的原则[5]。

热力管网可以分成环状管网和枝状管网两种形式。由于城市集中热力管网的规模较大，从结构层次上又将管网分为一级管网和二级管网。一级管网为连接热源与区域热力站的管网，也称为输送管网；二级管网的起点为热力站，把热媒输送给各个(使用)用户，也称为分配管网。

室外热力管道一般采用枝状布置形式[6]。枝状管网的优点是系统简单，造价较低，运行管理较方便；缺点是没有供热的备用功能，即管路上某处发生故障，在损坏地点以后的所有用户供热都会中断，严重时会造成整个系统停止运行，必须进行检修。

环状管网主干线首尾相接构成环路，管道的直径较大。环状管网具有良好的备用功能，当管网局部发生损坏时，热媒可以经过其他路径继续输向用户，不会对用户的取暖造成影响。通常环状管网有两个或两个以上的热源。其缺点是建设投资大，控制较难，运行管理也相对复杂。

除此之外，还有网格状管网。网格状管网由很多小型的环状管网组成，各小型环状管网相互连接。这种管网投资大，施工难，但运行管理方便、灵活，使用安全可靠。

2.3　城市热力管道的敷设方式

热力管道敷设方式可分为地上敷设和地下敷设两大类。地上敷设是将热力管道敷设在地面上一些独立的或桁架式的支架上，包括高支架、中支架、低支架、墙架、悬吊支架、拱形支架等，又称为架空敷设。地下敷设分为地沟敷设和直埋敷设，地沟敷设是将管道敷设在地下管沟内，直埋敷设是将管道直接埋设在土壤中[7]。

室外管道敷设的一般原则如下：城市街道上和居住区内的热力管道宜采用地下敷设方式。当地下敷设有困难时，可采用地上敷设方式，但施工、安装时应注意美观；工厂区的热力管道，宜采用地上敷设方式；热力管道地下敷设时应该采用直埋敷设方式，热水或蒸汽管道采用地沟敷设时应采用不通行地沟敷设方式，穿越不允许开挖检修的地段时应采用通行地沟敷设方式，采用通行地沟困难时可采用半通行地沟敷设方式；直埋敷设的热力管道应采用钢管、保温层、保护外壳结合成一体的预制保温管道；管沟敷设有关尺寸应符合相关规定[8]。

1. 地上敷设

地上敷设多用于城市边缘、无居住建筑的地区和工业厂区。这种敷设方式下，管道暴露在空气中，管道表面只有包覆层，能够紧贴管道表面进行检测，因此有较多方式可以实现管道的腐蚀与泄漏检测。

2. 地沟敷设

地沟敷设又分为通行地沟敷设、半通行地沟敷设和不通行地沟敷设三种。地沟敷设方式造价较高，保温层易受到破坏。

3. 直埋敷设

直埋敷设是将管道直接埋在地下，不需要任何建筑结构。这种情况下管道的保温材料直接与土壤接触，保温材料既起着保温的作用又起着承重的作用。该方式的优点是大大减少了建造热力管网的土方工程，节省了建筑材料，缩短了施工的周期，是建设投资最小的一种方法。其缺点是如果发生事故，泄漏点较难发现，检修时也必须开挖，开销大。

2.4　管　道　附　件

供热系统是由管道和管道附件组成的。管道附件是安装在管道和设备上的管件、阀门、补偿器、支吊架和器具的总称[9]。

1. 管材、管件及连接

热力管道为承压件，通常对其材料、相关软件及连接件有较为严格的要求。

(1) 室外热力管道应采用无缝钢管、电弧焊或高频焊焊接钢管。管件的钢号应高于表 2.1 所示的热力管道管材钢号。

表 2.1　热力管道管材钢号及适用范围

钢号	适用范围	钢板厚度
Q235-A·F	$P \leqslant 1.0MPa$, $T \leqslant 150℃$	$\delta \leqslant 8mm$
Q235-A、Q235-B	$P \leqslant 1.6MPa$, $T \leqslant 200℃$	$\delta \leqslant 16mm$
20、20g、20R 及低合金钢	$P \leqslant 4.0MPa$, $T \leqslant 400℃$	不限

注：P 为管道设计压力；T 为管道设计温度。

(2) 凝结水管道应该采用具有防腐内衬或者内衬涂有防腐层的钢管，在压力和耐温性能满足要求的情况下，也可以使用非金属管道。

(3) 热力管道的连接应采用焊接方式，管道与设备、装置、法兰阀门连接时应使用法兰连接。对公称小于或者等于 DN25 的放气阀、泄水阀等使用螺纹连接，但是相连的管道应采用加厚的钢管。

(4) 采用的弯头的壁厚不得小于管道壁厚，弯头焊接应使用双面焊接。

2. 支吊架

支吊架是重要的管道附件之一，热力管道都应以合理的支架或者吊架为支撑。管道支吊架有架空支吊架和地沟支吊架，另外还有刚性吊架和弹簧支吊架[10]。

1) 支吊架的作用

管道上有些部位是不允许移动的，可以设置固定支架，用来承受管道的重量、水平的推力和力矩。对于无垂直位移或位移很小的部位，可以设置活动支架或刚性吊架，来承受管道的重量，增加其稳定性。而导向支架用在水平管道上只允许有轴向水平位移的部位，以承受管道的重量，限制位移的方向。在管道上有垂直位移的部位应设置弹簧支吊架。

2) 常用的支架

室外热力管道常用的支架有弧形板支架、曲面槽支架、煨弯座板式支架和焊接角钢或单面挡板式支架等，这些支架按照用途的不同可分为固定支架与活动支架两类。

(1) 固定支架。固定支架可以起到分配管道温度变化而引起的伸缩量、分段控制管道热伸缩的作用，保障补偿器的均匀工作，从而防止管道因受热伸长而引起的变形和事故。常用的固定支架是金属结构的固定支架，使用焊接方式或者螺栓连接方式将管道固定在支架上。常用的金属固定支架有夹环固定支架、焊接角钢管道支架、曲面槽固定支架和挡板式固定支架。

(2) 活动支架。活动支架可以承受管道的重量，限制管道上下移动从而防止弯曲，以保证管道的水平与坡度，更保证管道在发生温度变形时在长度方向上能够自由移动。活动支架又分为滑动支架、滚动支架、导向支架和吊架。

3. 补偿器

管道热补偿有两种形式：自然补偿和补偿器补偿。在自然补偿不能满足要求时，应加设补偿器补偿。常用的补偿器有方形补偿器、波纹补偿器、套管补偿器和球形补偿器等[11]。

1) 自然补偿

自然补偿是利用管道系统的自然转弯所具有的弹性来消除管道因内部介质温度升高而产生的膨胀伸长量。

2) 方形补偿器补偿

方形补偿器是采用专门加工成 U 形的连续弯管来吸收管道热变形的元件(当管径较大时采用煨接弯管制成)。方形补偿器由水平管、伸缩管和自由管构成，优点是制造与维修方便，补偿能力强，轴向推力较小，运行可靠；缺点是占地面积较大，需增设管架而且不太美观。图 2.3 为方形补偿器示意图。

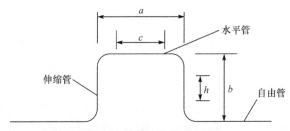

图 2.3　方形补偿器示意图

3) 波纹补偿器补偿

波纹补偿器是利用波纹管壁的弹性来吸收管道的热膨胀，使用范围为：变形与位移量大而空间位置受到限制的管道；变形与位移量大而工作压力低的大直径管道；从工艺操作条件或经济角度出发要求压力降和湍流程度尽量小的管道；需要限制接管荷载的敏感设备进口管道；要求吸收隔离高频机械振动的管道；考虑吸收地震或者地基沉陷的管道。

采用波纹管轴向补偿时，管道上应安装防止波纹管失稳的导向支架。波纹补偿器可与管道焊接或用法兰连接。图 2.4 为波纹补偿器示意图。

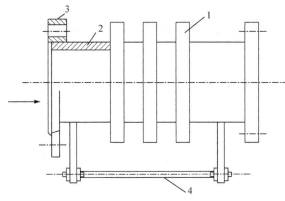

1-波纹管；2-端管；3-法兰；4-拉杆

图 2.4　波纹补偿器示意图

4) 套管补偿器补偿

套管补偿器又称管式伸缩节，主要用于直线管道敷设后出现的轴向热膨胀位移吸收补偿。热力管网在特殊情况下才使用套管式补偿器，其优点是安装简单，占地少，补偿能力较强，流体阻力较小；缺点是轴向推力大，造价高，易漏水漏气，需要经常检修和更换填料。

套管补偿器一般情况下用在管径大于 100mm、工作压力小于 13 表压(铸铁制)和 16 表压(钢制)、安装位置受到限制的热力管网上，不宜使用于不通行的地沟之中。套管补偿器按壳体的材料分为铸铁制和钢制，按连接方式分为螺纹连接、法兰连接和焊接，按套管的结构分为单向套管和双向套管。单向套管补偿器安装在固定支架近旁的平直管段上，它的活动侧设导向支架。双向套管补偿器设在固定支架中间，套管必须固定，补偿器工作极限界限应有明显的标记。图 2.5 为套管补偿器示意图，其中 D 为芯管的外径，d 为芯管的内径。

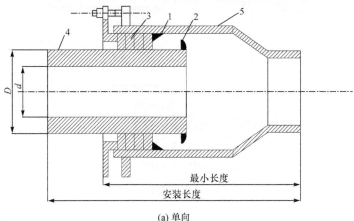

(a) 单向

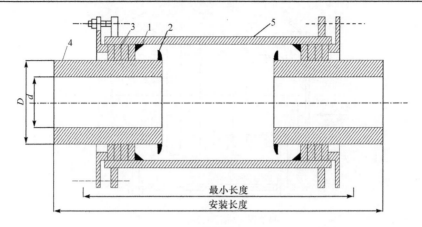

(b) 双向

1-外壳支撑环；2-导管支撑环；3-填料；4-伸管；5-套管

图 2.5　套管补偿器示意图

5) 球形补偿器补偿

球形补偿器是利用球形管接头的随机弯转来解决管道的热胀冷缩问题。球形补偿器的优点是占地面积小，节省材料，不存在推力；缺点是存在侧向位移，容易漏水漏气，需要加强维修。

当球形补偿器安装在垂直管道上时，需要把球体露出部分向下安装，以防止积存污物。当采用球形补偿器且补偿器管段较长时，宜采取减小管道摩擦力的措施。图 2.6 为球形补偿器示意图。

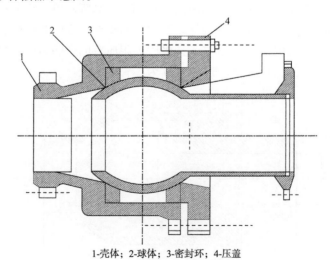

1-壳体；2-球体；3-密封环；4-压盖

图 2.6　球形补偿器示意图

4. 管道保温

保温又称绝热，是减少系统热量向外传递和外部热量传入系统而采取的一种工艺措施，在热力管道系统中常常涉及保温。供热介质设计温度高于 50℃的热力管道、设备、阀门一般应采取保温措施。

不通行地沟或直埋敷设的条件下，热力热水网的回收管道、与蒸汽管道并行的凝结水管以及其他温度较低的热水管道，在技术经济合理的情况下可不采取保温措施。保温层设计时应优先采用经济保温厚度[12]。

保温结构一般由防锈层、保温层、防潮层(针对保冷结构)、保护层、防腐层和识别标志等构成[13]：

(1) 防锈层通常采用防锈油漆涂刷，防锈漆应选择防锈能力强的油漆。

(2) 保温层是保温结构的主要部分，使用的材料和保温厚度需符合设计的要求。

(3) 防潮层使用沥青油毡、玻璃丝布、聚乙烯薄膜等，阻止水蒸气或者雨水渗入保温材料，使保温材料具有良好的保温效果和较长的使用寿命。

(4) 保护层使用石棉石膏、石棉水泥、金属薄板和玻璃丝布等材料，避免保温层或防潮层受到机械损伤。

(5) 防腐层一般使用油漆直接涂刷在保护层上面，防止保护层受腐蚀，干燥后可用油漆涂刷识别标志。

5. 管道防腐

金属管道的腐蚀分为外壁腐蚀和内壁腐蚀。外壁腐蚀与管道所处的环境和管道输送介质的温度有直接关系。内壁腐蚀取决于管道所输送介质的特性和状态，包括物理及化学性质、温度、流速等[14-16]。

管道内、外防腐层根据材料不同可分为五类：

(1) 沥青类，主要有石油沥青防腐层、煤焦沥青防腐层。

(2) 聚烯烃类，有挤出包覆聚乙烯防腐层、熔融聚乙烯粉末防腐层、挤出聚丙烯防腐层。

(3) 涂料类，有环氧粉末涂料和液体环氧涂料、液体聚氨酯涂料等防腐层。

(4) 无机材料类，有水泥砂浆衬里、搪瓷衬里、陶瓷涂层等防腐层。

(5) 金属类，有锌、铝、镍、钛涂层等防腐层。

6. 防腐处理

金属腐蚀是金属体在所处环境中由化学或者电化学反应引起的金属表面耗损现象的总称。腐蚀可以分为两种：干蚀和湿蚀。干蚀是气体所产生的化学反应；湿蚀是水存在的条件下金属发生离子化的现象。

为了减少管道的腐蚀，延长管道的使用寿命，需要在管道及其附件的表面进行涂漆和防腐处理。

对于直接埋在土壤中的热力管道，防腐的方法有多种，应根据不同的需要运用不同的方法进行防腐处理：

(1) 石油沥青防腐。石油沥青作为钢管外防腐材料已有近百年的历史，它具有耐电压性能好、价格低廉的特点，通常必须热涂。现阶段有了冷冻沥青清漆，但是价格昂贵、效果也并不理想，并且冬天涂层脆，夏天又易流淌。

(2) 油漆防腐。油漆是一种有机高分子胶体混合物的溶液，主要由成膜物质、溶剂(或稀释剂)、颜料三部分组成。油漆的品种很多，性能各不相同。按施工顺序主要分为底层漆和面层漆。底层漆用来打底，应采用附着力强且有良好防腐性能的油漆，如红丹油性防锈漆、锌酯胶防锈漆等。涂面和罩面用来保护底层漆不受损伤，并使金属材料表面颜色符合设计和规定。一般情况下，选择油漆时应考虑被涂物体周围腐蚀介质的种类、温度和浓度，被涂物质表面的材料性质，以及防腐经济效果。

在涂刷油漆前，应将钢管、设备等金属表面上的灰尘、污垢、油渍和锈斑等清除干净，并保持干燥。

2.5　城市热力管道的损伤

2.5.1　腐蚀的概念

热力管道的腐蚀与金属腐蚀基本相同，是指管体在周围介质的作用下，发生化学、电化学等反应而产生管体金属流失的现象。金属管道常见的腐蚀按其作用原理可分为化学腐蚀和电化学腐蚀两种[17]。

1. 化学腐蚀

化学腐蚀是指金属表面与非电解质直接发生纯化学作用而引起的破坏，它又可分为两种：

(1) 气体腐蚀。一般是指金属在干燥气体中发生的腐蚀，如用氧气切割和焊接管道时在金属表面产生的氧化皮。

(2) 在非电解质溶液中的腐蚀，如金属在某些有机液体(如苯、汽油等)中的腐蚀。

化学腐蚀是在一定的条件下，非电解质中的氧化剂直接与金属表面的原子相互作用，即氧化还原反应是在反应粒子相互作用的瞬间于碰撞的那一个反应点上完成的。在化学腐蚀过程中，电子的传递在金属与氧化剂之间直接进行，因此没有电流发生。

2. 电化学腐蚀

电化学腐蚀是指金属与电解质发生电化学反应而产生的破坏。任何一种按电化学机理进行的腐蚀反应至少包含一个阳极反应和一个阴极反应，并与流过金属内部的电子流和介质中定向迁移的离子联系在一起。阳极反应是金属原子从金属转移到介质中并放出电子的过程，即氧化过程。阴极反应是介质中的氧化剂夺取电子发生还原反应的过程，即还原过程。例如，碳钢在酸中腐蚀时，在阳极区 Fe 被氧化为 Fe^{2+}，所放出的电子自阳极(Fe)流至钢表面的阴极区(如 Fe_3C)上，与 H^+ 作用而还原成氢气，即

阳极反应：
$$Fe \longrightarrow Fe^{2+} + 2e^-$$

阴极反应：
$$2H^+ + 2e^- \longrightarrow H_2 \uparrow$$

总反应：
$$Fe + 2H^+ \longrightarrow Fe^{2+} + H_2$$

由此可见，电化学腐蚀具有如下特点：

(1) 电子为离子导电的电解质。

(2) 金属/电解质界面反应过程是因电荷转移而引起的电化学过程，必须包含电子和离子在界面上的转移。

(3) 界面上的电化学过程可以分为两个相互独立的氧化和还原过程，金属/电解质界面上伴随电荷转移发生的化学反应称为电极反应。

(4) 电化学腐蚀过程伴随电子的流动，即电流的产生。

综上所述，电化学腐蚀实际上是一个短路的原电池电极反应的结果，这种原电池又称为腐蚀原电池。油气管道和储罐在潮湿大气环境中的腐蚀均属于此类。腐蚀原电池与一般原电池的区别仅在于一般原电池是把化学能转化为电能(如干电池等)，做有用功；而腐蚀原电池只能导致材料的破坏，不对外界做有用功。当管、罐金属表面受到外界的交、直流杂散电流干扰，产生电解电池的作用时，腐蚀金属电极的阳极溶解。

就腐蚀破坏的形态分类，腐蚀可分为全面腐蚀和局部腐蚀。全面腐蚀是一种常见的腐蚀形态，包括均匀的全面腐蚀和不均匀的全面腐蚀。局部腐蚀又可分为点蚀(孔蚀)、晶间腐蚀、穿晶腐蚀、剥蚀、腐蚀疲劳、应力腐蚀开裂、电偶腐蚀、磨耗腐蚀和微动腐蚀等。图 2.7 为不同类型的腐蚀形态图。本书主要针对城市热力管道发生不均匀全面腐蚀和点蚀的情形。

热力管道的结构特点、安装特点及不同工作状态造成的不同腐蚀原因，决定了热力管道在役期间主要的失效原因有腐蚀穿孔、大面积管道内外管壁腐蚀造成管道承压能力下降等[18]。另外，由于高温水在给水主干管道→给水分支管道→用

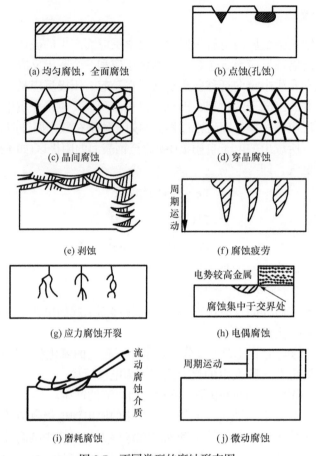

图 2.7 不同类型的腐蚀形态图

户→回水分支管道→回水主干管道这一过程中，温度损失较大，给水主干管道与回水主干管道间的温度相差较大，而管道内腐蚀与温度有关，导致给水主干管道与回水主干管道腐蚀程度有所差异。

2.5.2 城市热力管道腐蚀

根据热力管道腐蚀的部位不同，可将发生在管体部位的腐蚀分为管道外腐蚀与管道内腐蚀[19]。

1. 管道外腐蚀

管道外腐蚀主要是指热力管道本体在外力或微生物侵蚀的作用下，防腐层和保温层发生破损，致使管体受到土壤等周边环境腐蚀的现象。管道防腐层和保温层破损后，管体本身与周围土壤接触，不可避免地发生腐蚀现象。土壤中的腐蚀是一个多因素共同作用的复杂结果。虽然各地土壤的酸碱度、含水量、微生物种类、金属元素含量等都有所不同，但其主要的组成基本相同，在管道周围的土壤中存在气体、液体、固体三种形态的物质。这些因素决定了管体在受到土壤腐蚀时既要考虑管体受力情况，还要考虑周围土壤对管体的腐蚀[20]。

城市热力管道保温层、防腐层破损后发生的土壤对管体的腐蚀，属于电化学腐蚀范畴，分为区域性腐蚀、局部性腐蚀、微生物性腐蚀三类。

(1) 区域性腐蚀：防腐层、保温层大面积破损时，由于土壤本身固有性质的不同而产生腐蚀。当热力管道通过土壤成分差异较大的地段时，产生了较大的电位差，最终形成腐蚀现象。

(2) 局部性腐蚀：当热力管道防腐层、保温层出现局部破损时，由于管体表面形成电位差，管体发生局部小面积腐蚀现象。

(3) 微生物性腐蚀：管体与土壤直接接触时，土壤中的铁细菌、硫氧化菌、硝酸盐还原菌、硫酸还原菌等微生物，对管体进行生物侵蚀，致使管体出现坑状腐蚀面的腐蚀现象。

2. 管道内腐蚀

管道内腐蚀主要是指在供热期间与非供热期间，热力管道受到内部介质腐蚀的现象。热力管道在城市基础设施中是比较特殊的一种，按地区不同其工作的具体时间段不同，但总体上的连续工作时间不会超过 6 个月。热力管道特殊的工作性质，决定了管道内部会在两种工作状态下存在两种性质差异较大的介质，即热水与冷水。在两种不同的介质作用下，热力管道内部腐蚀就会呈现两种截然不同的腐蚀过程。

1) 供热期

热力管道在运行过程中的环境与运行中的锅炉工作环境基本相同——高温、高压，管道内壁上时刻都发生着复杂的化学与电化学反应，伴随着这些复杂的反应形成了多种不同类型的腐蚀，主要包括氧腐蚀、酸腐蚀、沉淀物腐蚀、应力腐蚀等。在供热期间，热力管道水循环量大，且需要根据管道内压力变化进行补水，循环水中含有大量的氧与二氧化碳，使其受到氧腐蚀与酸腐蚀的侵害。

当管体内壁某处发生电化学腐蚀后，其腐蚀区域的物理化学性质会发生根本性的转变，从结构致密变得结构疏松，从抗压能力强到抗压能力弱。另外在供热期间，整个管网内部的压力较大，受到的应力腐蚀会加速热力管道的内腐蚀。因此，当管壁某处发生腐蚀时，管道内壁就会不断地腐蚀下去，使该区域的热力管道安全系数急剧降低。

2) 非供热期

在非供热期，管道内部水量、压力与供热期相比有明显下降。当管道内水量减少到一定程度后，管道内部靠上的部分出现气-水分界面，致使水中的含氧量与二氧化碳含量明显增加，管道整体的腐蚀速率加快。当供热系统再次运行时，热力管道内壁组织结构因腐蚀而变得松散的部位，其腐蚀产物 Fe_2O_3 会沉积在管道底部，进而又加速了管道底部的腐蚀，形成一个恶性循环。整个供热系统水循环量大，因此这种腐蚀现象不仅存在热力管网中，还存在于整个供热系统的配套设施中。

热力管道腐蚀区别于其他城市管道腐蚀，最主要的特殊性在于热力管道的腐蚀与温度有着非常重要的关系。供热系统内的循环水温度越高，氧的扩散速率就会越快，管道内壁的腐蚀程度与速率就会越大。当土壤的温度随着气候的变化而变化时，其对管道外部防腐层、保温层破损部分的腐蚀速率也会发生改变，主要表现在土壤电导率变化规律、土壤中微生物的活跃度与土壤温度变化率相似。因此，综合前面提到的热力管道内外腐蚀分析，在供热系统的非供热期，热力管道的外腐蚀速率大于热力管道的内腐蚀速率；在供热系统的供热期，热力管道的内腐蚀速率大于热力管道的外腐蚀速率。

腐蚀速率与温度之间的关系可以用 Arrhenius 方程表示[21]：

$$k = C\exp\left(-\frac{E_R}{RT}\right) \tag{2.1}$$

式中，k 为反应速率常数；E_R 为反应活化能；R 为摩尔气体常量；T 为热力学温度；C 为常数。

由此可推出土壤温度与腐蚀速率成正比，温度越高，k 值越大，反应速率越快。

2.5.3　城市热力管道腐蚀泄漏

大多数城市热力管道长期处于湿度较大且呈碱性的土壤环境下，随着实际管龄的增长，管道腐蚀老化问题逐渐增多，热力管道泄漏事故大多是管道长期腐蚀生锈发生老化导致的。图 2.8 为热力管道腐蚀爆裂现场图。城市热力管道爆管泄漏一般发生在城镇且为供暖期，社会影响大。

腐蚀破坏是管道泄漏的主要成因，不仅给供热企业造成经济损失，影响市民的生活，而且影响城市交通，破坏道路。除此之外，还有一些热力管道失效的影响因素，如管内媒介质量不达标、管段焊接质量不高、敷设工艺不合理、人为损坏及管内压力超出承受范围等[22,23]。

图 2.8　热力管道腐蚀爆裂现场图

管道保温材料为多孔结构，且多为矿渣棉、玻璃棉、岩棉等，含有氯化物、氟化物等有害成分。在热力管道敷设过程中，若遇到雨雪天气，水汽会进入外防护层密封不良部位，与保护层中氯化物、硫化物结合，渗透到钢质管道表面，由于氯、硫等腐蚀介质的作用，管道表面会产生局部腐蚀，并在一定外力、残余应力、热应力等作用下，促使管道应力腐蚀破裂(external stress corrosion cracking, ESCC)萌生与发展。由于保温层下的腐蚀与开裂难以在第一时间察觉，常会引发严重泄漏、爆炸、火灾等事故。

城市供暖一般在冬季之初至春季之初这段时间，其他时间热力管道都是闲置的，并未使用。因此，传热系统的运行状态根据时间段的不同有两种，分别为供暖期和非供暖期。在供暖期，热水充满热力管道并在整个管网中不停循环流动，管道处于正常使用状态。当进入非供暖期时，热力管网闲置，管内存在空气和水这两种介质，在其气液分离界面，电化学腐蚀极易发生，这样管道内壁会形成大量的氧化物残留在管道底部，并加速管道腐蚀。

常见的引起热力管道破裂的原因如下：

(1) 20 世纪 80 年代，大部分热力公司建设的供热主干管网保护层采用的是玻璃钢(玻璃纤维布+树脂)，这种保护层材料的防水性能一般。随着时间推移，地下水会使保温层中聚氨酯材料的保温功能失效，并对管道部分区域造成腐蚀。久而久之，势必会造成管道的腐蚀穿孔，最终导致热力管道发生泄漏事故。

(2) 热力管网运行过程中，管道会逐渐产生疲劳，出现薄弱区域，又由于管道内温度较高，管道热膨胀变大。此时，管道的薄弱区域也会发生应力集中的问题，就会导致管道焊缝开裂等泄漏事故。

(3) 热力管道爆管概率最高的两类位置是管道对接焊缝处和固定墩处。现在大部分热力管道都是采用直埋的方式敷设的，由于长期处于潮湿泥土中，管道热胀冷缩，且未做防腐处理，铁管与铁管接口的焊接点处很容易腐蚀生锈，最终发生漏水或者爆管事故。固定墩用于防止管道因压力过大而发生上下左右移动，但其很少做或不做防腐处理，易生锈腐蚀，时间久后很容易发生爆管事故。

(4) 外防腐层破坏。这种破坏多是人为损坏造成的，常常发生在道路施工或管道维修开挖过程中。

(5) 热力管道所处环境日益复杂，常常会因阴极保护不足或杂散电流的影响而使管道表面发生局部腐蚀，加上管道所处环境土壤潮湿，时间一久，便容易发生爆管事故。

2.6 本 章 小 结

弄清楚各种管道附件的结构，研究管道附件及周边环境影响在管道检测信号中的特点，能够有针对性地研究上述干扰信号的辨别技术。本章详细介绍了城市供热系统的分类、热力管道的布置和敷设方式及管道的各种附件，以及城市热力管道损伤的特点，为城市热力管道检测信号的分析打下基础。

参 考 文 献

[1] 赵廷元. 热力管道设计手册[M]. 太原: 山西科学教育出版社, 1986.
[2] 文成功, 于有才. 开式热水供暖系统运行问题及其改进[J]. 暖通空调, 1998, (3): 75-76.
[3] 叶涛, 张燕平, 陈爱萍, 等. 热力发电厂[M]. 北京: 中国电力出版社, 2012.
[4] 任云飞. 谈热力管网的布置与敷设[J]. 中国城市经济, 2011, (18): 178.
[5] 张志辉. 浅谈热力管网建设的布局与施工工艺[J]. 建筑工程技术与设计, 2015, (12): 2560.
[6] 高天, 班春艳. 城市集中供热管网设计的探讨[J]. 煤气与热力, 2001, 21(2): 164-165.
[7] 张金和. 管道安装工程手册[M]. 北京: 机械工业出版社, 2006.
[8] 冯继蓓, 孙蕾, 张虹梅. 直埋热水供热管道敷设方式比较[J]. 煤气与热力, 2006, 26(11): 50-52.
[9] 顾顺符, 潘秉勤. 管道工程安装手册[M]. 北京: 中国建筑工业出版社, 1987.
[10] 姜新栋, 王秀英. 浅谈热力系统管道支吊架安装与调整[J]. 科学之友, 2010, (19): 32-33.
[11] 杜正明. 探讨热力管道补偿器在供热管道中的运用[J]. 中国新技术新产品, 2014, (7): 36.
[12] 李全琪. 浅析热力管道的保温与防腐施工[J]. 科技创新与应用, 2013, (36): 245.
[13] 刘延明. 供热管道直埋敷设保温及防腐材料的合理选用[J]. 暖通空调, 1989, (3): 44-45.
[14] 王显东. 热力管道的两种新型保温方法[J]. 管道技术与设备, 1995, (1): 43.
[15] 王飞. 直埋供热管道工程设计[M]. 2 版. 北京: 中国建筑工业出版社, 2014.
[16] 宋越鹏, 李辉, 李建强. 浅析管道防腐保温技术要点[J]. 科技资讯, 2012, (21): 24.
[17] 刘永辉, 张佩芬. 金属腐蚀学原理[M]. 北京: 航空工业出版社, 1993.
[18] 陶翠翠, 李亚峰, 蒋白懿. 埋地金属管道外壁腐蚀原因及防治措施[J]. 辽宁化工, 2009, 38(7): 491-493.
[19] 宫杰, 张白雪, 李宁, 等. 热力管道内腐蚀与外腐蚀危害分析与防范[J]. 石化技术, 2018, 25(4): 262-263.

[20] 俞蓉蓉, 蔡志章. 地下金属管道的腐蚀与防护[M]. 北京: 石油工业出版社, 1998.

[21] 刘全新, 杨骁, 刘峰. Cr5Mo 钢在高温环烷酸中的腐蚀研究[J]. 石油化工腐蚀与防护, 2013, 30(6): 4-7.

[22] 杨永. 城市埋地燃气管道腐蚀防护综合评价系统研究[D]. 北京: 北京化工大学, 2004.

[23] 何仁洋. 油气管道检测与评价[M]. 北京: 中国石化出版社, 2010.

第3章　城市热力管道腐蚀检测系统设计

由于城市地下管网情况的复杂性，热力管道的检测依然是一项技术难题。若采用管道泄漏后再查找原因的方式，则会给供热企业造成较大的经济损失。利用技术手段评价管道的腐蚀情况以了解热力管道的安全运行状况，越来越受到人们的重视。对于城市热力管道，通过管内检测的方式，也就是将管内爬行器送入管道，通过测径器、视频、超声、漏磁等检测工具或方法，可以获得管道内腐蚀、破损情况，但其检测周期长、无法实现在役检测、检测成本较高等[1]。目前，城市热力管道首选的检测方式依然是外检测方式。

我国北方城市的热力管网已经有数十年的历史，许多管道服役超过20年，这类大管龄管道在运行时，相比其他服役时长较短的热力管道，更易出现泄漏故障。我国在改革开放之后经济发展迅速，城市的建设日新月异，许多建筑、道路、地下设施等需要应城市发展的需要而变动、改造。目前大多数热力管道仍位于道路、人行道等区域的下方，少部分管道经过的区域在城市变化的过程中发生变化，其地面环境已变为绿化带、墙体、桥梁等，甚至有的管线被一些临时建筑或设施完全遮挡。因此，现场检测时需要适应热力管道上方地面不平整、狭窄等环境状况，一般要求热力管道检测仪器尺寸小、重量轻、便于操作。

3.1　系统设计要求

1. 基本功能要求

根据检测的需求，城市热力管道腐蚀检测系统应具有便携性好、非开挖检测、在役检测、实时结果呈现、高定位精度等特点。

(1) 便携性好。热力管道检测需要在室外由工作人员携带仪器进行检测操作，因此仪器的便携性非常重要；此外，仪器应配有移动电源，以满足连续不间断工作的需求。

(2) 非开挖检测。相比其他需要紧贴管道表面才能进行的检测方法，非开挖检测技术不需要破坏绿化带或道路等设施，有利于节约施工时间和成本，使检测更加方便、高效。

(3) 在役检测。无论热力管道内部是否有液体以及管道是否存在压力，该系统都能够实施检测，几乎不会对用户和供热企业造成影响。

(4) 实时结果呈现。实时结果呈现是指现场检测完成后或在检测过程中就能够得到热力管道的损伤状况数据，无须将数据保存或进行后期分析，有利于提高检测效率。全面的管道评估结果可在综合各种检测数据分析后得出。

(5) 定位精度高。在管道检测过程中可利用建筑物、地面标志、全球定位系统 (global positioning system, GPS)/北斗卫星系统等对所检测的管道及管道损伤区域进行精确定位。

2. 硬件功能要求

仪器的硬件需要满足现场沿管线检测的需求，因此该系统应当是一款便携式仪器，由电池供电，具有一定的防水功能，能够适应室外温度的变化，并配有能处理大流量信息的处理器。

城市热力管道腐蚀检测系统的硬件包括计算机系统、信号采集和转换系统、弱磁传感器系统及支撑工装。其中，计算机系统一般为笔记本电脑或便携式工控机；信号采集和转换系统要有多路信号采集及处理的功能；弱磁传感器系统采用多传感器冗余测量并可进行数据融合，尽量贴近地面以靠近管道；支撑工装具有便于操作人员手持仪器及减少传感器振动等功能。

3. 软件功能要求

城市热力管道腐蚀检测系统的软件需要具有友好的用户界面，应包含检测曲线动态图、检测结果、损伤标定、传感器信号选择、参数设置、仪器控制等内容；需要实现实时数据通信、数据自动保存、实时数据曲线显示及二维彩图显示等功能。

3.2　系统硬件设计

3.2.1　磁梯度传感器

1. 磁梯度技术原理

磁梯度又称磁场梯度，是磁场强度随空间位移的变化率，用符号 dH/dx 表示，在磁法勘探中获得广泛应用。本书借鉴磁法勘探中的磁梯度技术原理进行热力管道中损伤缺陷的检测[2]。

磁法勘探是地球物理勘探中的一种方法。地下的磁性物体如岩石、矿物等存在于地磁场中会产生局部磁异常，用磁法勘探可以实现对地下磁性物体的定位及构造性质的研究。

背景场和磁异常场组成磁法勘探测量对象，其中地磁场是背景场，也是磁法勘探的内因，被检测目标的磁性会引起磁场异常。将磁异常信息有效地从背景场中剥离出来，对磁性目标的各项参数进行分析，这是磁法勘探的目的。在无磁的外环境中，磁性物质宏观上对外不表现磁性，这是因为其内部带电粒子无规则运动产生杂乱无章的磁场，这些磁场相互抵消。但是当磁性目标存在于磁场环境中时，磁场的作用使得磁性目标内的带电粒子呈现有规则的运动，带电粒子的规则运动产生额外磁场，两个磁场相互叠加从而表现磁性，即在外磁场 H_0 作用下磁性物质被磁化，产生一个叠加在背景场之上的异常场 H_s，这个过程称为磁化。磁梯度原理示意图如图 3.1 所示。

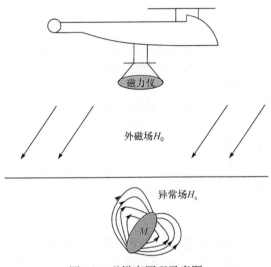

图 3.1　磁梯度原理示意图

图 3.1 中，M 为磁化强度，表示单位体积磁偶极子磁矩，表征磁性介质的磁化状态。磁性材料的磁化率越大，意味着磁性材料在外加场中越易被磁化。

在磁法勘探中，通常将无传导电流目标介质中的磁场作为研究对象。根据基本的场论知识可知：

$$\nabla \times H = 0, \quad \nabla \cdot B = 0 \tag{3.1}$$

式中，∇ 为哈密顿算子；H 为磁场强度，A/m；B 为磁感应强度，T。

磁感应强度 B 是磁法勘探中一个重要的磁场物理量，磁感应强度 B 与磁场强度 H 通过磁导率 μ (H/m)联系起来：

$$B = \mu H \tag{3.2}$$

由式(3.1)可知在无源空间中磁场强度的散度和旋度均为零，可以用标量磁势 U 的梯度来表示磁感应强度 B，即

$$B = -\nabla U \tag{3.3}$$

需要说明的是，由于涉及的检测信号较为微弱，本书中磁感应强度采用 nT 作为单位。

早期磁法勘探中是利用磁通门、质子或光泵磁力仪等仪器对总磁场强度或差

值进行测量，对磁场某一特定方向上的分量用磁通门磁力仪进行测量，与总场测量相比，得到的信息更多。另外，对电磁测量方法和磁异常解释成图要求的提高也促进了磁梯度测量技术的发展。磁梯度测量技术能够有效抑制甚至消除区域性磁场干扰和时变电磁场的影响，更有利于进行数据处理及解释成图。

从数学意义上来理解磁梯度测量，当梯度运算中的基线长度 Δx 远小于目标长度时，由一阶导数的定义，磁场梯度可表示为

$$\frac{\partial B}{\partial x} \approx \frac{B(x+\Delta x) - B(x)}{\Delta x} \tag{3.4}$$

因为 Δx 一般是常数，所以 $\partial B/\partial x$ 与 $B(x+\Delta x) - B(x)$ 曲线的形态大体上相同，不同之处在于幅值。图 3.2 为磁场梯度物理意义示意图。根据图 3.2 对式(3.4)中等式右边的物理意义进行说明，磁场梯度 $\partial B/\partial x$ 曲线可看作板状体两侧厚度为 Δx 的薄板产生的磁场。由此可见，磁场梯度异常与相邻磁异常之间的干扰可以降低，对于叠加磁异常的分离更容易实现。此外，对于表现比较平缓的区域性磁异常，磁梯度测量方法可以对其进行压制。因此，磁梯度测量方法可以压制区域背景场，突出局部磁异常[3]。

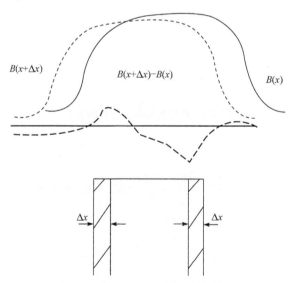

图 3.2　磁场梯度物理意义示意图

综上所述，在适当的条件下进行磁场梯度测量，即采用磁梯度传感器进行磁异常梯度的观测，可使得探测信息得到补充，解释效果得到改善。目前，磁梯度测量方法已成为磁异常处理的常用方法之一。

2. 磁梯度传感器设计原理

磁梯度实质上是磁场矢量的二阶导数，共包括 9 个元素，分别为 B_{xx}、B_{xy}、B_{xz}、B_{yx}、B_{yy}、B_{yz}、B_{zx}、B_{zy}、B_{zz}，可表示为

$$G = \begin{vmatrix} \dfrac{\partial B_x}{\partial x} & \dfrac{\partial B_x}{\partial y} & \dfrac{\partial B_x}{\partial z} \\ \dfrac{\partial B_y}{\partial x} & \dfrac{\partial B_y}{\partial y} & \dfrac{\partial B_y}{\partial z} \\ \dfrac{\partial B_z}{\partial x} & \dfrac{\partial B_z}{\partial y} & \dfrac{\partial B_z}{\partial z} \end{vmatrix} = \begin{bmatrix} B_{xx} & B_{xy} & B_{xz} \\ B_{yx} & B_{yy} & B_{yz} \\ B_{zx} & B_{zy} & B_{zz} \end{bmatrix} \tag{3.5}$$

由式(3.5)可知，磁场三分量在相互正交的三个方向上的空间变化率，即磁场矢量分量 B_x、B_y、B_z 在空间相互垂直的三个方向 x、y、z 上的变化率组成了磁场梯度。磁场的总磁场强度 B_t、磁场三分量以及磁场梯度矩阵中各元素在直角坐标系下的关系如图 3.3 所示[4]。

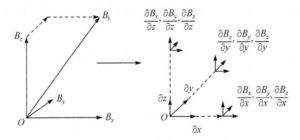

图 3.3　总磁场与磁场分量的关系

又有

$$\nabla \cdot B = \frac{\partial B_x}{\partial x} + \frac{\partial B_y}{\partial y} + \frac{\partial B_z}{\partial z} = B_{xx} + B_{yy} + B_{zz} = 0 \tag{3.6}$$

$$\nabla \times B = \begin{vmatrix} i & j & k \\ \dfrac{\partial}{\partial x} & \dfrac{\partial}{\partial y} & \dfrac{\partial}{\partial z} \\ B_x & B_y & B_z \end{vmatrix} = 0 \tag{3.7}$$

由式(3.6)和式(3.7)可知，式(3.5)中的 9 个磁场梯度分量中只有 5 个分量是独立的。

此外，由实对称矩阵的性质可知，磁场梯度矩阵具有 3 个旋转不变量(旋转不变量是指不受空间三维坐标系绕坐标原点旋转影响的变量)，分别表示如下：

$$I_0 = \text{trace}(G) = \sum_{i=x,y,z} G_{ii} = 0$$

$$I_1 = B_{zz}B_{yy} + B_{yy}B_{zz} + B_{zz}B_{zz} - B_{xy}^2 - B_{xz}^2 - B_{yz}^2 = 0 \qquad (3.8)$$

$$I_2 = \det(G)$$

$$= B_{zz}(B_{yy}B_{zz} - B_{yz}^2) + B_{xy}(B_{yz}B_{xz} - B_{xy}B_{zz}) + B_{xz}(B_{xy}B_{yz} - B_{xz}B_{yy})$$

从上述的分析中可知，进行磁场梯度测量，需要特定结构的测量装置，从而获得磁场梯度矩阵中独立的元素值。在埋地管道缺陷检测中，测量管道周围磁场强度的传感器摆放为水平面内的十字形结构，如图 3.4 所示。在实际的工程计算中，磁场梯度矩阵并非用上述所描述的方法来计算，而是基于微分和差分的近似等效来计算。

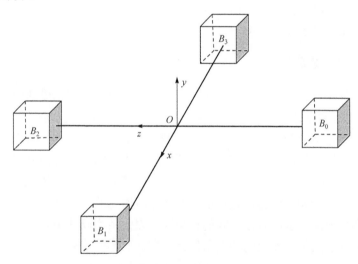

图 3.4　传感器十字形测量结构示意图

图 3.4 中，B_0、B_1、B_2、B_3 为三轴磁通门测磁传感器，由式(3.5)~式(3.7)以及微分、差分近似等效理论得到磁场梯度矩阵 G 为

$$G = \begin{bmatrix} \dfrac{\partial B_x}{\partial x} & \dfrac{\partial B_x}{\partial y} & \dfrac{\partial B_x}{\partial z} \\[2mm] \dfrac{\partial B_y}{\partial x} & \dfrac{\partial B_y}{\partial y} & \dfrac{\partial B_y}{\partial z} \\[2mm] \dfrac{\partial B_z}{\partial x} & \dfrac{\partial B_z}{\partial y} & \dfrac{\partial B_z}{\partial z} \end{bmatrix} = \begin{bmatrix} B_{xx} & B_{xy} & B_{xz} \\ B_{yx} & B_{yy} & B_{yz} \\ B_{zx} & B_{zy} & B_{zz} \end{bmatrix}$$

$$
= \begin{bmatrix}
\dfrac{B_{1x} - B_{3x}}{\Delta x} & \dfrac{B_{1y} - B_{3y}}{\Delta x} & \dfrac{B_{2x} - B_{0x}}{\Delta z} \\[3mm]
\dfrac{B_{1y} - B_{3y}}{\Delta x} & -\left(\dfrac{B_{1x} - B_{3x}}{\Delta x} + \dfrac{B_{2z} - B_{0z}}{\Delta z} \right) & \dfrac{B_{2y} - B_{0y}}{\Delta z} \\[3mm]
\dfrac{B_{1z} - B_{3z}}{\Delta x} & \dfrac{B_{2y} - B_{0y}}{\Delta z} & \dfrac{B_{2z} - B_{0z}}{\Delta z}
\end{bmatrix}
\tag{3.9}
$$

式中，Δx 为 B_1 与 B_3 之间的距离；Δz 为 B_0 与 B_2 之间的距离；B_{1x} 为传感器 B_1 测得的 x 方向的磁场强度分量；B_{3x} 为传感器 B_3 测得的 x 方向的磁场强度分量；B_{1y} 为传感器 B_1 测得的 y 方向的磁场强度分量；B_{3y} 为传感器 B_3 测得的 y 方向的磁场强度分量，依此类推。

由式(3.9)可以计算得到磁梯度传感器中心点的磁场梯度矩阵 G。矩阵相对单测磁传感器来讲精度要高许多。

3. 磁梯度传感器结构

磁梯度传感器的结构如图 3.5 所示，主要包含滑块、三轴磁通门传感器、工装盒等，其中工装盒的三维结构如图 3.6 所示。工装盒的长、宽、高分别为 350mm、350mm、80mm。磁梯度传感器内部设计滑槽结构，一是为了方便改变传感器之间的基距，二是能够保证在调整传感器基距的过程中，四个传感器之间的角度不会发生变化。在磁梯度传感器中，将三轴磁通门传感器固定在滑块上，通过滑块在滑槽中前后移动带动传感器进行移动，并通过滑槽上的刻度准确、快速地测量出基距。磁梯度理论要求磁分量之间的正交性，因此结构设计中利用滑槽与滑块确保各个三轴磁通门传感器之间的夹角保持不变。

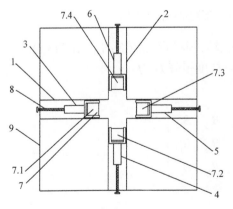

图 3.5　磁梯度传感器的结构

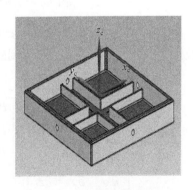

图 3.6　工装盒三维结构

在图 3.5 中，1、2 为滑槽，代表第一滑槽和第二滑槽；3、4、5、6 均是滑块，3 为第一滑块，4 为第二滑块，5 为第三滑块，6 为第四滑块；7 表示三轴(三分量)磁通门传感器，7.1、7.2、7.3、7.4 分别表示第一个、第二个、第三个、第四个三轴磁通门传感器；8 为磁梯度传感器调节基距的旋钮；9 为外壳。

磁梯度传感器实物图如图 3.7 所示，外壳中间有一个航空插头，内部四个三轴磁通门传感器通过该航空插头与上位机相连，在传感器壳体的四个面上均有调节基距的旋钮。顺时针调节旋钮，在同一滑槽内的三轴磁通门传感器之间的基距增加；逆时针调节旋钮，同一滑槽内的三轴磁通门传感器之间的基距减小。

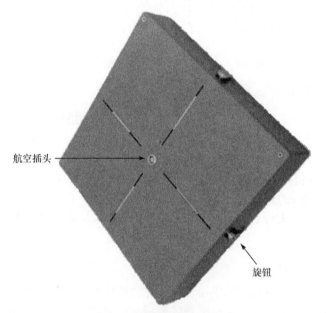

图 3.7　磁梯度传感器实物图

3.2.2　信号处理系统

检测系统的硬件部分包括上位机系统、采集板卡系统和传感器系统[5]，采集板卡系统和上位机系统统称为信号处理系统，如图 3.8 所示。磁梯度传感器的作用是将被检测管道上方的磁感应强度采集出来并转换成模拟电压信号；采集板卡作为检测系统的信号采集部分，主要用于将模拟电压信号转换成数字信号传送给上位机；上位机对数字信号进行处理并以曲线或图像等形式将检测结果直观地呈现出来，实现缺陷的判断、检测结果的成像、检测数据的存储等功能。

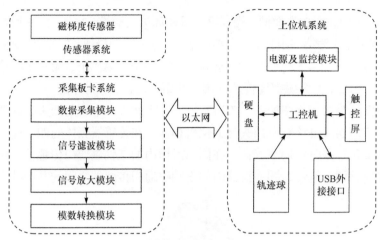

图 3.8　检测系统硬件部分总体设计结构

1. 上位机系统

上位机系统由工控机及一些外设组成。工控机采用触摸式工业平板电脑，拥有功能强大的输入/输出(I/O)接口，易于与其他设备通信，I/O 接口包括 RS-232 串口、RS-422/485 端口、以太网端口和通用串行总线(USB)接口；可以支持多种 Windows 平台，包括 Windows CE、Windows XP 和 Windows 7；支持符合 Personal Java 1.2 标准的 Java 虚拟机(Java virtual machine, JVM)；工作主频不低于 1.1GHz，内存不低于 1GB；支持 CF(compact flash)卡、工业鼠标本、USB 接口、可拆卸锂电池等。

2. 采集板卡系统

采集板卡系统包括数据采集模块、信号滤波模块、信号放大模块和模数转换模块。数据采集模块中可定义传感器的数据采样频率，转换后的电压信号通过信号滤波模块过滤掉噪声信号和干扰信号，再通过信号放大模块和模数转换模块，最终得到可用的数字信号。

采集板卡系统的中央处理单元模块选用 LPC2366FBD100 芯片。这是一款性价比高、功能强大的 32bit 的 ARM7 芯片，工作时的最高频率可达 72MHz。该芯片拥有 512KB 的片内 Flash 存储器，该 Flash 存储器可与串行接口连接进行系统编程、应用编程；拥有 32KB 片内静态随机存取存储器(static random-access memory, SRAM)，用于高速缓存；拥有 70 个 I/O 端口，其工作频率可达 18MHz；内置四个通用定时器，每个定时器都具有对应的外部计数输入端；配有 32 个向量中断控制器，对应引脚都具有请求终端功能；可以在−40～85℃环境中工作。

3. 通信方式的选择

采集板卡系统采用 RS-232 串口通信和以太网通信两种方式与上位机连接，

其 IP 地址、网卡号和端口可通过 RS-232 串口查看与修改。

RS-232 串口通信是一种很常用的通信方式,按位发送字节,再按位接收字节。RS-232 串口通信可以通过一根线接收数据,另一根线发送数据,来实现远距离通信。

以太网通信是一种以载波监听多路访问和冲突检测为主要技术的通信方式,其数据传输速率发展惊人,1980~1990 年时为 10Mbit/s,1990~1996 年达到 100Mbit/s,1997 年至今,1000Mbit/s 的速率在广泛运用,将来会达到 10Gbit/s 的速率。以太网通信方式采用普通双绞线时支持的最大传输距离为 100m,采用光纤传输时支持的最大传输距离可达上千米,千兆以太网和万兆以太网的传输距离则更远。

上位机与采集板卡系统采用有线方式通信时,采集板卡系统和电源系统都可设置在上位机中,通过线缆与磁梯度传感器相连。上位机与采集板卡系统采用无线方式通信时,磁梯度传感器内需设置三轴磁通门传感器(4 个)、采集板卡、无线通信模块及电源。

4. ID 设置

通过串口设置参数时,工控机和采集处理模块通过 RS-232 串口以直连电缆相连。直连电缆的两端为 D 形 9 孔插头。如果工控机没有 RS-232 串口,那么需要用 USB 接口转串口的电缆扩展一个 RS-232 串口。工控机端的软件使用超级终端,而采用 Windows 系统自带软件或从网上下载。

仪器串口参数设置步骤:插上直连串口线,打开串口调试助手或者超级终端,输入区号,按默认设置操作进入新建连接页面,输入连接名,任意选择一个图标后单击"下一步"按钮,设置串口属性为"9600/8/无/1/无",如图 3.9 所示。

图 3.9　RS-232 串口属性设置

仪器开机后，超级终端窗口显示有 IP、网关等数据，操作人员一般只需修改 IP、网关地址与工控机一致即可。

5. 报文编码[6]

工控机控制中心与采集处理模块之间的报文编码采用用户数据报协议(user datagram protocol, UDP)方式，控制中心软件编写时采用相应编译软件的 UDP 控件。输入目标采集处理模块的 IP 地址与端口，即可连接上下位机。双方应答命令有开始、停止、读取数据、读写标定值等。"停止"命令是工控机要求采集处理模块停止采集与数据发送。"开始"命令是要求采集处理模块按设定采样速率采集所有通道的磁感应强度数据。为了方便用户灵活设置采集卡的模拟/数字(A/D)参数，"开始"命令包含 2 个字节的 A/D 参数，工控机与采集处理模块建立连接后，每次开始采集数据都需要发送 A/D 参数。"读写标定值"命令是要求采集处理模块按请求命令发送所需的某个磁传感器的标定值，若请求命令标志位为"12"，则连续发送 12 次，即发送整个机箱内所有通道传感器的标定值。

6. 电源状态监测系统设计

电源状态监测系统从便携性和使用稳定性两方面考虑，选用锂电池作为供电电源。锂电池具有电压平台高、重量轻、能量密度高、高低温适应性强等优势。锂电池的输出电压经稳压模块后最终稳定在 12V 及 5V，供仪器内各个功能模块使用。

确定锂电池作为供电电源后，下一步就需要解决电池状态的监控问题。在日常的使用过程中需要知道仪器当前的电量状态，因此需要设计一个模块专门用于电池电量的读取，使用户能够直观地了解电池当前的工作状态[7]。

选用 BQ20Z75 芯片作为电源管理芯片。该芯片能够精确测量和保存电池当前的可用电荷值，监测电池的容量变化、电池的阻抗、开路电压以及电池的其他关键参数。芯片内部集成有电压调整电路，具有欠压、过压、短路和过载保护的功能。在这个电源状态监测系统中，BQ20Z75 芯片扮演从机的角色，被动地接收主机发来的指令，并根据接收到的指令反馈相应的电池状态参数给主机。

3.2.3　检测仪器外围组件

城市热力管道腐蚀检测系统可以根据实际检测情况进行传感器组合，从而方便地对形状复杂的工件进行检测。该检测系统质量轻、操作简洁，拥有 8in(1in=2.54cm)触摸屏并带有轨迹球，设有 2 个 USB 2.0 接口，可外接鼠标、键盘等常用外部设备。独立电源可提供 8h 供电，可随时更换电池，满足全天候的工作需求。检测系统配备多种探头，可在 1～12 个通道之间任意选择通道数。

仪器正面组件包括屏幕(带触摸功能)和轨迹球(包括鼠标左右功能按键)，如图 3.10 所示。

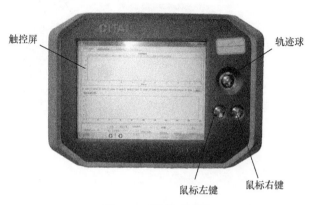

图 3.10　仪器正面图

仪器侧面组件包括背带及其卡槽、接口(2 个)、光栅编码器插口、电源按钮、USB 2.0 接口(2 个)、充电插口，如图 3.11 所示。

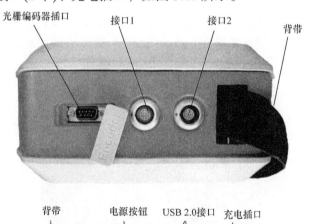

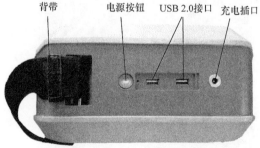

图 3.11　仪器侧面图

仪器背面组件包括电池仓、支架和散热板，如图 3.12 所示。

电池仓　　　支架　　　　　散热板

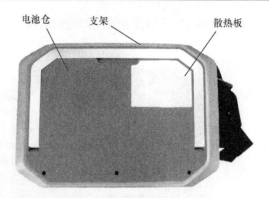

图 3.12　仪器背面图

3.2.4　配套附件

　　根据城市热力管道腐蚀检测系统不同的检测方式，设计了不同的配套附件，主要有轨道扫查架、可移动伸缩梯及平衡器。

　　1. 轨道扫查架

　　轨道扫查架主要包括支座、轨道、移动小车，为了使扫查架不干扰传感器的检测，采用铝、不锈钢及塑料等非铁磁性材料，如图 3.13 所示。这种检测装置主要适用于检测距离较短且仪器平稳度要求较高的检测场合。

图 3.13　轨道扫查架

使用时，先用六角扳手将支架搭好，放上轨道，然后将小车放置于轨道上，将传感器放置在小车上。开始测量前，应先试推小车，确保小车能够顺畅地在轨道上滑动，否则根据情况对支架进行微调，调整好后用六角扳手将支架完全固定。

2. 可移动伸缩梯

可移动伸缩梯为铝合金材质，梯子高度可调节，主要用于实验模拟埋深，因为没有减振及辅助平衡装置，仅适合在光滑地面使用。可移动伸缩梯如图 3.14 所示，梯子下方有四个橡胶轮，可推动。可移动伸缩梯主要适用于平整地面或实验室检测。

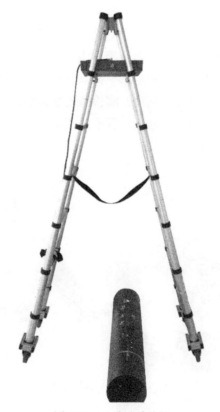

图 3.14　可移动伸缩梯

3. 平衡器

现场检测时，操作人员手持传感器无法保证传感器的平稳，也无法持久。如果借助材料的弹性原理，将传感器的运动与人的步伐结合，就能够保证传感器的平稳，操作人员检测时也不会太辛苦。根据传感器所采集信号的频率及操作人员步行的频率进行滤波，可将操作人员走动时所带来的干扰噪声滤除。

　　当操作人员身背仪器步行时，每走一步身体都会晃动一下。在大部分情况下，这种晃动是有一定规律的。当对管道进行磁场信号采集时，步行的抖动会造成磁场采集信号的误差，所以为身背仪器配备了一套用于步行的检测装备——斯坦尼康平衡器。斯坦尼康平衡器的核心是摄影机稳定器，是一种定制的用于埋地管道非开挖检测的辅助设备，主要由辅助背心、平衡组件和弹性弹簧合金减振臂组成。斯坦尼康带关节的手臂看起来像是一个弹簧式摇臂灯，由两部分组成，通过一个旋转挂钩相接。每部分都是一个平行四边形：由两根金属杆组成，两头分别扣有两个金属终结器。跟其他任意平行四边形一样，不论减振臂处于哪个位置，这些金属杆都将相互保持平行(或者近似平行)。因为两端的终结器牢牢固定在平行杆的两端，所以当减振臂上下摆动时，它们将保持不动，具有极大的灵活性和便利性。斯坦尼康平衡器适用于山地、台阶等环境，可以完成更为复杂的移动传感器检测。在管道检测前，需要对斯坦尼康平衡器进行组装，将辅助背心穿戴在检测人员身上，提前调节好平衡架的高度，将检测传感器固定在平衡器下方，调整好两者之间的连接，使它可以平衡地处于管道的正上方。

　　图 3.15 为斯坦尼康平衡器，左侧为背心，中部为两组弹性弹簧合金减振臂，右侧为平衡组件。

图 3.15　斯坦尼康平衡器

　　图 3.16 为专门设计的城市热力管道腐蚀检测系统平衡器，其相比斯坦尼康平衡器有一定的简化及改进。由于手持城市热力管道腐蚀检测系统进行行走的距离较长，这里设置了一个弹性弹簧合金减振臂，其平衡组件更长，使得传感器更贴近地面。

图 3.16 检测人员身背仪器图

3.3 系统软件设计

城市热力管道腐蚀检测系统的软件登录界面如图 3.17 所示，在该界面上有"原始信号扫查模式"、"独立分量扫查模式"、"退出系统"三个按钮，操作者可根据检测需要进入软件主界面或退出软件。

软件主界面如图 3.18 所示。在主界面上部是菜单栏，分别为：动态图，检测时在此处实时显示检测数据曲线;检测结果,当需要对检测数据进行分析处理时,会自动跳转到该界面;原始信号，呈现各路传感器磁感应强度测量的原始数据。

1)"动态图"界面

在"动态图"界面中间部分为通道选择区域，有 CH1～CH12 共 12 个通道。此仪器中的磁梯度传感器是由 12 个单轴磁通门传感器组成的，在此处可选择一个或多个传感器检测数据进行呈现，以便检测人员实时观察检测数据。

在"动态图"界面下部左侧为参数设置部分，包含以下选项及功能：

(1) 数据文件，可根据需要设置文件的存储目录。

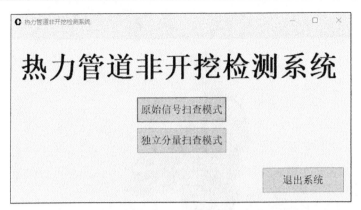

图 3.17　城市热力管道腐蚀检测系统软件登录界面

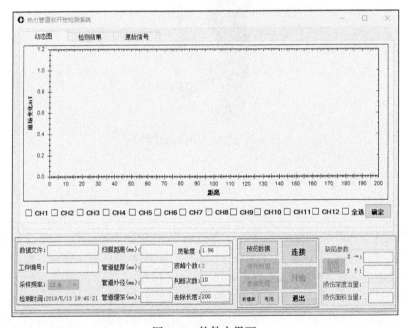

图 3.18　软件主界面

(2) 工件编号，可根据需要设置检测工件的信息。

(3) 采样频率，根据需要选择传感器检测的频率，有多个选项可选，默认为 12.5Hz。

(4) 扫描距离、管道壁厚、管道外径、管道埋深，这四个参数为必选参数项，若无输入，则系统会报错。扫描距离即一次检测时传感器移动的距离，管道壁厚为被检测管道的壁厚，管道外径为被检测管道的外径尺寸，管道埋深为被检测管道中心与传感器的大致距离。

(5) 灵敏度、波峰个数、判断次数、去除长度，这四个参数由系统给定一个默认值,也可根据具体现场环境重新设定。灵敏度用于设置超过阈值线的波峰个数,波峰个数用于设置一个判断长度中筛选出的波峰或者波谷的个数,判断次数用于设置数据处理过程中每隔一个特定的长度对波峰个数进行一次判定,去除长度用于设置数据处理过程中去除管道端部的长度。

在"动态图"界面下部中间为控件部分,该区域包含以下选项及功能:

(1) "连接"按钮,控制下位机连接上位机仪器,准备接收信号。

(2) "开始"按钮,开始进行测量。单击"开始"按钮后该处变为"停止"按钮,可实现检测的启停设置。

(3) "退出"按钮,退出软件界面。

(4) "预览数据"按钮,调用所需要的文件数据进行分析。

(5) "保存数据"按钮,按照给定的文件路径保存数据。

(6) "数据处理"按钮,进行数据分析及后处理。

(7) "软键盘"按钮,启动软键盘进行输入。

(8) "电池"按钮,显示仪器电池电量。

在"动态图"界面下部右侧为缺陷参数显示部分,该区域包含以下功能:

(1) 缺陷参数,分 X 轴、Y 轴两个方向对缺陷位置进行定位。

(2) 损伤深度当量,根据检测结果计算管道损伤深度。

(3) 损伤面积当量,根据检测结果计算管道损伤面积。

2) "检测结果"界面

"检测结果"界面如图 3.19 所示。在主显示区的上半部分显示处理后的检测

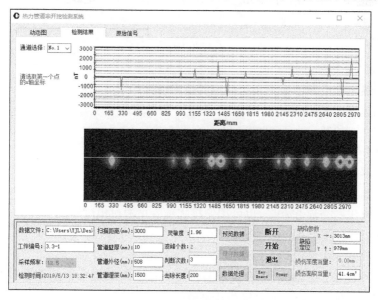

图 3.19　"检测结果"界面

曲线，下半部分显示检测结果的二维云图。检测曲线在有缺陷处显示为尖峰，二维图中通过颜色的变化表征缺陷的大小。

3.4　系统适应性

城市热力管道腐蚀检测系统功能多样，可以在如下管道损伤检测场合使用：管道在役检测，竣工验收，定期技术检测，管道标准服务年限过后计划修复工作的评估，管道应力、变形情况的评估。

城市热力管道腐蚀检测系统采用外检测的方式，沿管道在地面上方移动，通过检测管道周围磁场的变化来直接检测和评估缺陷。检测系统的适应性表现如下：

(1) 管道材质要求为铁磁性金属材料，但必须评估被检测管道的磁场环境，若管道附近有大量的铁磁性材料，则检测结果会受到影响。

(2) 对传感器覆盖范围内的管道进行完全检测，能检测的管道直径范围一般为 50～1200mm，管道理想埋深不大于 2500mm。

(3) 仪器运行的温度范围为−10～50℃。

(4) 进行过漏磁检测的管道至少间隔 2.5 年才能进行弱磁非开挖检测。

(5) 可检测管道的最小长度为 1500mm。

(6) 检测精度的影响因素包括管道附近的铁磁性材料、未知的管道三通、大小头、补强的管段及未知的管道交叉点、平行管道等。

(7) 能够检测埋深小于 2.5m 且弯折角大于 90° 的管道缺陷。

3.5　系统技术指标

城市热力管道腐蚀检测系统的主要技术指标如下。

检测速度：60m/min。

稳定性：120h，小于 50nT；8h，小于 5nT。

测量分辨率：1nT。

传感器的测量范围：−250000～250000nT。

工作温度：−10～50℃。

供电电压：交流 220V，也可用便携式独立电源供电(直流 12V)。

传感器体积：350mm×350mm×80mm。

采样频率：最高可达 1000Hz。

检测的完整性：能完全覆盖管道。检测仪器在管道上方的偏移运行范围为−0.5～0.5m，在管道正上方时检测效果最佳。

检测允许的最大埋深：2.5m。

能够检测的缺陷类型：金属损失(点状、面状)、应力异常、疑似裂纹(裂纹、应力腐蚀开裂等)、几何变形(凹槽、褶皱等)。

裂纹检测深度：2mm。

面积型缺陷：ϕ8mm，损失量达壁厚的 1/10。

管道壁厚损失的预测误差：壁厚损失值的 25%。

综合评估的准确率：≥70%。

定位精度：±1.5m，沿管道轴向。

3.6　系统检测方式

在不同场合检测时，基于检测信号质量及检测便利性的考虑，城市热力管道腐蚀检测系统需要采用不同的检测工装。实验室检测由于检测距离短且地面较平坦，以及需要频繁改变传感器的提离高度，采用可移动伸缩梯；当检测地面不平坦、检测长度较短且要求传感器移动较平稳时，采用轨道扫查架；当需要长距离检测，一般达到几百米至几十千米时，采用平衡器。这三种检测工装的适用范围及特点如下。

1. 利用可移动伸缩梯

这种工装适合于平坦路面及实验室检测使用。

为真实模拟埋地管道现场检测条件，将磁梯度传感器置于非铁磁性材料制作的伸缩梯上，通过调整伸缩梯的高度来模拟管道的埋深变化。测试时，伸缩梯沿管道轴向平稳前进，同时记录管道上方空间的磁场强度变化。

2. 利用轨道扫查架

这种工装适合于检测路径不长、地面不平坦且要求传感器较为平稳的检测环境。

在现场检测时，检测前通过探管仪探测管道走向，为保证测量过程中传感器信号的稳定性，将仪器的传感器放置于用非铁磁性材料制作的轨道上，轨道置于被检测埋地管道的正上方。通过传动设备带动传感器沿着轨道滑行，在此过程中，传感器检测磁场信号，传输至上位机后经分析软件处理后得出检测结果。

3. 利用平衡器

这种工装适用于沿管线进行较长距离检测的状况。

利用探管仪探测出管道走向后，由一人身背平衡器在管线上方沿管线进行检测。检测过程中注意保持传感器平稳，不能左右旋转，另一人身背上位机，跟随主检测人员行进，两人的距离一般在 10m 以内。

3.7　本章小结

城市热力管道大多位于地下，其破坏的主要方式为腐蚀，因此研制了针对地下管道腐蚀破坏的检测系统。本章主要介绍了城市热力管道腐蚀检测系统的软硬件设计、仪器适用范围、技术指标及检测方式，使读者能够了解该系统的设计思想和特色、操作的基本方法。

参 考 文 献

[1] 杨晓燕. 试论埋地管道的防腐保护与检测方法[J]. 山东工业技术, 2015, (22): 19.

[2] 孟慧. 磁梯度张量正演、延拓、数据解释方法研究[D]. 长春: 吉林大学, 2012.

[3] 李光. 基于磁通门的航空梯度张量系统研究[D]. 长春: 吉林大学, 2013.

[4] 杨牡丹. 梯度法埋地管道腐蚀检测试验研究[D]. 南昌: 南昌航空大学, 2016.

[5] 付鑫. 迫击炮防重复装弹系统研制[D]. 南昌: 南昌航空大学, 2014.

[6] 王继刚, 顾国昌, 徐立峰, 等. 可靠 UDP 数据传输协议的研究与设计[J]. 计算机工程与应用, 2006, 42(15): 113-116.

[7] 童娇娇. 通信电源监控系统中监控单元的设计[D]. 西安: 西安科技大学, 2009.

第4章 城市热力管道磁-温-湿综合泄漏检测系统设计

在供暖期，管道内部高低压力的反复作用、热介质的腐蚀作用，很容易使管道发生泄漏，因此城市热力管道的泄漏事故大多发生在需供热采暖的冬季。城市里人口和车辆众多，地下管道交错，铺设物繁多，除了热力管道以外，还有自来水管、污水管道和通信管道等，而热力管道泄漏往往不会在地面留下明显的特征，这些因素都使城市热力管道泄漏的检测难度加大。

冬季停暖对城市居民生活影响巨大，道路两侧的施工也会影响人们的正常生活。一般需要利用管道泄漏检测仪器检测漏点，对泄漏点大小进行分等、量化，再对泄漏点进行开挖修补[1]，以保证热力管道抢修的效率。目前在热力管道泄漏抢修中，非开挖漏点检测仪器往往最先被应用。

4.1 城市热力管道泄漏检测的技术依据

热力管道发生泄漏时，管网中的水量、压力、温度及声音会发生异常变化，因此可以根据下述异常情况来判断管道泄漏[2]。

1) 泄漏造成热力管网水量失衡

热力管网大多是闭式循环系统，正常运行时，管网内的水量应当大体恒定。当热力管道发生泄漏时，就需要对其进行补水以维持热力管网水量的动态平衡。因此，可根据对热力管网系统的补水量和回水压力曲线的统计与分析，判断热力管网的泄漏状况，从而确定检漏工作的方向，有针对性地开展检漏工作。根据热力管网系统的补水量判断热力管网的泄漏情况，是发现热力管道泄漏比较直观的方法。

2) 泄漏产生压力异常

将热力管网视为密闭的有压容器，若该有压容器存在泄漏现象，随着时间的推移，其压力将与周围环境的压力趋于一致，压力变化的速率取决于该有压容器的容积和泄漏量。同理，热力管网中有泄漏的管段被隔离开后，这部分的压力最终也将与周围环境的压力趋于一致，补水量将会减少，这是隔离检漏法的技术依据。

3) 泄漏产生温度异常

热力管网发生泄漏后，泄漏点上方的地面温度，以及泄漏点附近其他地下管线井的室内温度会升高。因此，可以通过地面或者附近井室的温度异常查找管网中的泄漏点[3]。

4) 泄漏产生声音异常

泄漏发生时，在压力的作用下，从泄漏处喷射出的水与泄漏处发生摩擦，声音沿管道传至附近的阀门或补偿器；同时，水喷射到泄漏处周围的土壤上，也会产生声音，通过土壤传到地面上[4]。

5) 泄漏产生管道金属量异常

管道发生泄漏的直接原因是管道存在破口，而破口处必然存在管道金属量的减少，可以根据此处管道金属量损失的状况判断管道泄漏状况。

6) 泄漏造成管道周围湿度变化

热力管道泄漏后，热水外溢必然造成此处含水量的增加，使管道泄漏处的周边湿度发生变化[5]。

基于以上技术依据，目前检测管道泄漏的方法主要有听音法、负压波法、红外法等，但某种单一技术很难实现管道泄漏的准确检测，本书作者团队开发了热力管道磁-温-湿综合泄漏检测系统，能够实现漏点的快速定位。

4.2　磁-温-湿综合检测原理

为了提升管道泄漏判断的准确性，利用弱磁、温度、湿度综合判断的原理设计泄漏检测系统。应用弱磁检测技术进行管道缺陷检测的原理在第 1 章已经进行了介绍，这里介绍红外测温原理、湿度检测原理及磁-温-湿综合判断原理。

1. 红外测温原理

当物体的温度大于绝对零度时，由于分子和原子的热运动，物体会不断向外辐射出能量，能量以电磁波形式在空间中传播。这类因热运动而辐射出的能量与物体温度相关，分子和原子的热运动加剧，表现为物体温度越高，所产生的热辐射能量也越多。红外线的本质是一种电磁波，热辐射包含了红外波段在内的电磁波。通过对物体的热辐射进行测量，理论上可以测定其表面温度[6]。在红外热辐射的研究成果中，普朗克定律揭示了辐射能量、黑体温度、红外热辐射波长三者之间的相互关系，维恩定律描述了热辐射通量最大值对应波长、黑体温度两者之间的关系，斯特藩-玻尔兹曼定律说明了物体的辐射强度和温度的相互关系，红外测温技术便以此三条定律为理论基础[7]。

根据红外辐射基本理论，一切自身温度高于绝对零度($-273.15℃$)的物体，都

在不停地向周围空间辐射各式各样的电磁波，其辐射能量密度与物体本身的温度关系符合辐射定律[8]，即

$$E = \sigma\varepsilon\left(T^4 - T_0^4\right) \tag{4.1}$$

式中，E 为辐射出射度；σ 为斯特藩-玻尔兹曼常量；ε 为辐射率；T 为目标温度；T_0 为物体的环境温度。

辐射率 ε 是物体发射电磁能的系数，通常物体的辐射率为 0~1，辐射率等于 1 的物体称为黑体，自然界一般不存在绝对的黑体，而其他物体的辐射率一般小于 1。例如，城市道路的辐射率为 0.90~0.99，可利用红外测温传感器测量大地的红外辐射能量，通过转化关系来测定地表温度[9]。

依照上述原理可知，当热力管道未泄漏时，地表辐射的红外能量较少，地表温度变化表现很平稳；而当其发生泄漏时，漏出的热水直接与土壤接触，导致地表辐射的红外能量增多，泄漏处地表温度明显升高，且此区域将呈现一定的温度场梯度变化特征，通过红外检测传感器的探测，便可确定泄漏区域的位置[10]。热力管道泄漏的状态如图 4.1 所示。

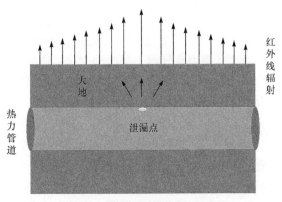

图 4.1　热力管道泄漏状态图

2. 湿度检测原理

水分子会因其所处环境的不同温度和水密度压力而呈现出不同的状态：气态、液态和固态。由于空气中水汽的含量一直存在，在不同的空气环境条件下呈现出不同的空气湿度。人们常说的大气一般是指干燥的空气，主要包含二氧化碳、氧气、氮气等。除此之外，空气中通常含有数量不定的水蒸气，空气承载水蒸气的能力与其所处环境的湿度呈正相关关系。

人们引用空气湿度的定义来准确表达水蒸气在空气中的含量。湿度是表示大气干燥程度的物理量。在一定的温度下，一定体积的空气里含有的水汽越少，则空气越干燥；水汽越多，则空气越潮湿。在此意义下，常用绝对湿度、相对湿度、

比较湿度、混合比、饱和差及露点等物理量来表示空气湿度[11]。

水分子的绝对湿度状态在不同的温度变化之下会呈现不同的状态，其计算公式为

$$\rho_{\mathrm{w}} = \frac{e}{R_{\mathrm{w}}T} = \frac{m}{V} \tag{4.2}$$

式中，e 为蒸汽压；T 为温度；R_{w} 为水的气体常数；V 为空气的体积；m 为空气中可溶解的水的质量。

较早的湿度测量工具主要是干湿球湿度计和毛发湿度计，目前常用的湿度传感器主要是电阻式和电容式传感器两种。电阻式湿度传感器采用陶瓷和高分子聚合物作为湿敏材料，湿敏材料对空气中水分的吸附能力比较强，当空气中的水蒸气浓度发生变化时，湿敏材料吸收的水分发生变化，进而电阻值随之改变，通过检测电阻的变化，就可以得到所需的电压或者电流信号。电容式湿度传感器利用感湿材料作为电容介质，当吸收水分后其介电常数发生改变，这些材料能够随着空气中水蒸气的变化吸收和释放水分，其电容值随着水分的变化而变化，最终通过电路转化为电压或者电流变化。

热力管道发生泄漏的过程中以及发生泄漏之后，附近及周边土壤结构的状态及密度发生很大改变，随着水分含量的增加，水蒸气大量涌向土壤表面，经过地表时会明显地引起土壤及其周边空气温、湿度的变化，依据温、湿度的梯度变化现象，可以判断哪些地方发生了泄漏。通过湿度传感器检测地表上方的湿度，可以辅助判断管道是否发生泄漏。

3. 磁-温-湿综合判断原理

热力管道发生泄漏后，由于管道金属量的损失，管道上方的磁场将会产生异常变化。此外，由于管道内水压的作用，热水会从泄漏点喷出，在其周围逐渐形成一个充满热水的土层空腔，使得泄漏点周围土质发生变化，这会导致存水区上方的近地温度场出现异常变化。此时采用高精度的弱磁传感器在热力管道上方扫查，就可以检测出磁场梯度的异常变化，采用红外测温传感器可以探测出地表温度场的异常变化。由于地表以下大量水的影响，在地表也可能出现空气湿度增加的现象。

在工程实践中，会出现如下状况：①管道泄漏但包覆层未完全破坏；②由于水的冲击力，在地下形成很大的容水腔，甚至产生泄漏水的流动。第一种情况下热力管道泄漏出来的热水首先在管道包覆层内部流动，然后在包覆层破损处流入土壤，导致管道破损点与温度场异常点不重合。第二种情况会大大降低温度场的异常变化梯度，也会使得温度场的异常区域远离泄漏点，湿度梯度不明显。另外，由于埋地管道所处环境的复杂性，弱磁检测信号的分析处理较温度场检测信号的

分析处理复杂，很难通过弱磁检测信号实现泄漏点的快速检测。

因此，单独使用红外测温技术、湿度测量技术或弱磁检测技术进行热力管道泄漏定位，都很容易出现误判，可靠性差。需结合三种技术的优点，对采集数据进行综合分析，才能够快速、准确地对热力管道泄漏点进行定位。具体的方法是利用温度场反应快的特点快速找到温度场异常区域，在温度场异常区域附近利用弱磁检测技术查找管道金属量损失最大的区域，并利用湿度检测结果判断地下是否有较多存水，从而利用综合的判定方法进行管道泄漏定位。

4.3　系统硬件设计

热力管道磁-温-湿综合泄漏检测系统的特点是：与管道非接触、无须开挖、定位准确及效率高、结果实时显示等，这些特点的产生很大程度上取决于传感器的选取和硬件系统的设计。根据泄漏检测仪器需实现的功能和特点，热力管道磁-温-湿综合泄漏检测系统原理如图 4.2 所示。

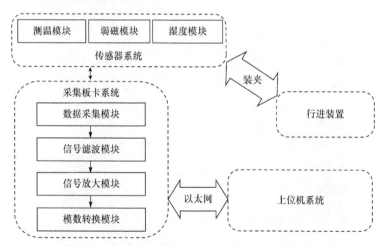

图 4.2　热力管道磁-温-湿综合泄漏检测系统原理图

在检测过程中，通过上位机控制测温模块、弱磁模块和湿度模块采集数据，各模块根据指令将采集到的电信号传递给数据采集模块，再由采集板卡系统将模拟电信号转换为数字信号，对其进行初步处理后传送至上位机系统，由上位机对这些数据进行处理并呈现给检测人员。

根据供热企业提供的相关资料以及通过实地考察获取的资料，泄漏检测系统需具备如下功能特点，即便携性好、续航能力强、抗干扰能力强、环境适应能力强等，针对这些要求所设计的解决方案如表 4.1 所示。

表 4.1　热力管道磁-温-湿综合泄漏检测系统功能设计

功能要求	针对因素	解决方案
便携性	携带、使用、存放	采用可拆卸结构，非工作状态下可装箱存放运输；使用丙烯腈-丁二烯-苯乙烯(acrylonitrile butadiene styrene, ABS)塑料作为非承重部件材料，减轻仪器整体重量
续航能力	长时间运行	使用大容量高聚合物锂电池，续航能力超过 16h
抗干扰能力	天气、温度、昼夜变化	使用 ABS 塑料制作的夹具夹装探头；传感器以锥形橡胶圈进行保护；使用热不良导体制作箱体
环境适应能力	地面倾斜、颠簸	采用橡皮轮、传感器夹具悬挂减振；活动轴承连接，保持传感器排列相对地面的平行位置

　　整套泄漏检测系统主要分为五个部分，分别为传感器系统部分、探头工装部分、电气箱部分、上位机通信部分和行进控制部分。仪器的装箱图如图 4.3 所示，仪器体积适中，重量较轻，一人可轻松携带，实现了便携式设计功能。

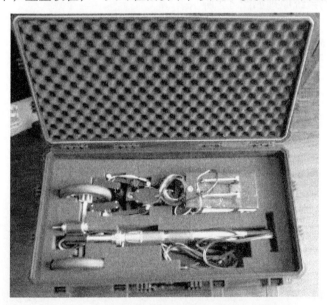

图 4.3　热力管道磁-温-湿综合泄漏检测系统装箱图

4.3.1　传感器系统设计

　　城市热力管道磁-温-湿综合泄漏检测系统选用三种检测传感器，即红外测温传感器、弱磁传感器和湿度传感器。

1. 温度传感器的选择

温度传感器有许多类型，如金属应变式温度传感器、热电偶型温度传感器、红外测温温度传感器等。本检测系统选用的是红外测温传感器，该类型传感器具有体积小、重量轻、便携的优点，测量分辨率可达 0.1℃，测量温度范围为–50～975℃，适应于大部分北方供热城市的检测环境，实际城市热力管道磁-温-湿综合泄漏检测系统的工作环境温度范围为–40～55℃。红外测温传感器属于非接触式测温传感器，满足本系统非开挖检测的要求。

本系统中并排布置了三个红外测温传感器，可沿管线一次性进行多组数据采集，便于软件的后续数据处理。此外，使用三探头测温可以监测检测路线，有效避免检测路线与热力管道实际位置发生较大偏离。

2. 弱磁传感器

弱磁检测技术是一种新型的无损检测技术，在长线输油埋地管道的腐蚀检测与评价上取得了较好的应用。热力管道和长输油气埋地管道的埋深相当，在热力管道磁-温-湿综合泄漏检测系统中将所测磁场参数作为管道泄漏定位的指标之一。本系统中布置了三个单分量弱磁传感器，能够获得热力管道上方较宽区域的磁场参数，图 4.4 为弱磁传感器实物图。

图 4.4　弱磁传感器实物图

3. 湿度传感器

湿度传感器很容易受环境因素的影响，例如，雨雪天气时湿度传感器的检测数据基本无效。但是，在晴朗天气情况下，湿度传感器能辅助判断热力管道可疑区域是否真正发生泄漏。热力管道在服役过程中发生泄漏，短时间内会在地下形成一个充满热水的空腔，在管压的作用下，热水会不断从泄漏点喷出，又由于土壤层充满气孔，根据热湿迁移理论，一段时间后，泄漏点上方地表土壤的湿度会明显高于其他地方。因此，非雨雪天气情况下，在可疑区若发现土壤湿度有明显升高，则可以更加印证根据磁-温检测信号所得的预判结果。

本系统湿度传感器采用 SHT 系列防护型温湿度探头，探头前端的铜烧结网防护设计加强了探头的耐温、耐压、耐损能力，在复杂恶劣的工作环境中也能够使用，湿度最高精度可达±3%RH，工作温度区间为–40～120℃。在热力管道磁-温-湿综合泄漏检测系统中，利用这种传感器测量环境湿度。

4.3.2　探头工装设计

探头工装部分采用悬臂结构，该设计的出发点是检测系统的便携性和减振功能。悬臂与探头夹具以螺栓连接，可在使用时展开，在装箱时收拢，从而减少放置所需空间。由于悬臂具备减振作用，在一定程度上降低了噪声信号的影响。除此之外，使用 ABS 塑料作为工装材料，使得工装具备良好的抗振性及一定的隔热性。在检测过程中，若以具备一定抗振性的材料作为夹具装夹探头，则可以有效减小因振动带来的数据误差。而夹具材料的隔热性可在环境温度出现剧烈变化时，在一定程度上减少因温度变化带来的数据误差。热力管道磁-温-湿综合泄漏检测系统整体结构中的探头工装部分的设计如图 4.5 所示。

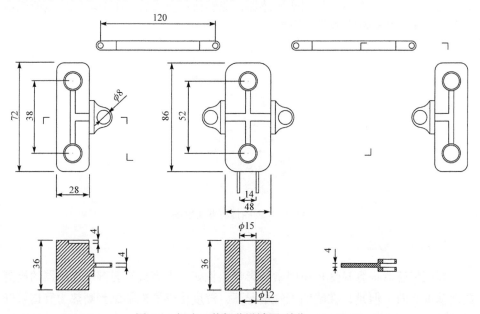

图 4.5　探头工装部分设计图(单位：mm)

探头工装的正面视图如图 4.6 所示，其实物图如图 4.7 所示。从仪器上方往下看时，最左侧模块组为弱磁模块和测温模块的 1 号探头，中间模块组为弱磁模块和测温模块的 2 号探头，最右侧模块组为弱磁模块和测温模块的 3 号探头。

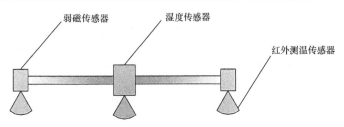

图 4.6　探头工装正面视图

图 4.7　探头工装实物图

　　完成探头工装设计后，再根据实地检测环境、操作工艺等，设计出可装载测温模块、弱磁模块、湿度模块、电源和线缆等的仪器电气箱。用具备一定防护功能的塑料箱放置各电子器件，再以铝制框架作为承重结构放置该电气箱。

4.3.3　电气箱设计

　　电气箱部分的设计主要以防水、防尘、防撞击为出发点，保证模块在检测过程中平稳工作，并在检测系统放置时保护模块的脆弱部分不受环境中的水、尘、异物等损伤。因此，电气箱的支撑部分使用铝作为底板材料，使用硬质塑料作为电气箱外壳，内部安放测温模块、湿度模块和弱磁模块。一方面，铝材料具备一定的防爆能力，对外界冲击有一定防护作用；另一方面，硬质塑料和铝的密度都相对较小，有利于保证检测系统的便携性。图 4.8 为本系统的电气箱设计图，在电气箱上开设了开关口及电源、数据传输接口等。电气箱支撑部分的底板设计图如图 4.9 所示，电气箱支撑部分的上盖设计图如图 4.10 所示。

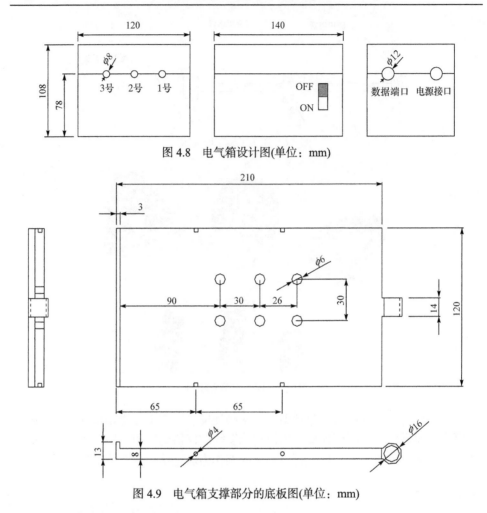

图 4.8　电气箱设计图(单位：mm)

图 4.9　电气箱支撑部分的底板图(单位：mm)

4.3.4　上位机通信设计

在检测过程中，测温模块、湿度模块和弱磁模块采集数据，分别处理后传输给上位机，并通过上位机检测系统的数据处理程序，对原始数据进行处理。经过处理的数据，将以曲线和伪彩色图像方式呈现。

上位机通信部分主要包括测温模块、湿度模块及弱磁模块与上位机的数据传输线路，上位机使用 RS-485 转 USB 接口连接测温模块及湿度模块，使用以太网端口连接弱磁模块。

4.3.5　行进控制设计

行进控制部分主要包括与底板连接的小轮和手持杆。在检测过程中，要求传感器与地面的位姿关系保持一致，但实际检测环境中，地面通常不平坦，为满足

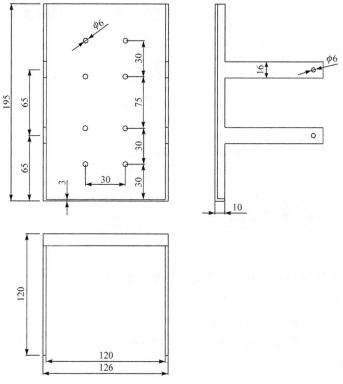

图 4.10　电气箱支撑部分的上盖设计图(单位：mm)

传感器稳定检测的要求，在底板上加装一活动轴小轮，在行进过程中可使用手持杆控制传感器的朝向。手持杆选择可伸缩的活动金属制手杆，以提高检测系统的便携性。热力管道磁-温-湿综合泄漏检测系统侧面视图如图 4.11 所示。

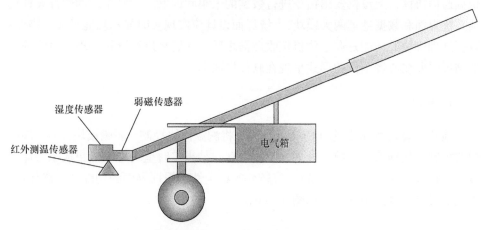

图 4.11　热力管道磁-温-湿综合泄漏检测系统侧面视图

设计加工制作的热力管道磁-温-湿综合泄漏检测系统实物整体图如图 4.12 所示。

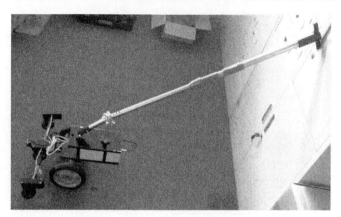

图 4.12　热力管道磁-温-湿综合泄漏检测系统实物整体图

该设计将控制箱与探测小车分离，使探测小车便携、小巧、重量轻，适用于各种复杂的检测环境。一般情况下，检测仪器的行进是依靠探测者手握小车手柄推行前进的，在崎岖不平的石子路上可以将检测仪器提起，操作人员手持仪器不接触地面扫查热力管道区域。此外，还可将手柄设计成长短、与地面角度可调节的中空铝制类型。

4.4　系统软件设计

信号采集系统与上位机采用的是 RS-485 转 USB 接口及以太网的通信方式，根据通信协议，上位机发出指令进行数据的采集和读取。检测系统的软件设计包括系统界面和数据处理两大模块，系统界面设计应实现实时显示功能且便于操作；数据处理模块的功能是在上位机接收数据之后，在后台进行计算处理，再将处理的结果以曲线或者图像的形式呈现在软件界面上。

1. 界面设计

检测系统软件部分使用 C#语言编写，将测温模块控制、弱磁模块控制、湿度模块控制、数据采集、数据处理、数据保存、结果实时呈现等功能集成于一体。该软件在 Windows 系统中运行具有较好的稳定性，根据界面的功能性、操作性、美观等要求，设计出的界面如图 4.13 所示。

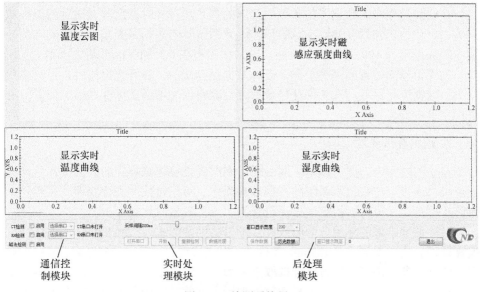

图 4.13　检测系统界面

2. 软件总体功能设计

根据通信协议及传感器特点，设计出检测程序。检测程序的主流程如图 4.14 所示。

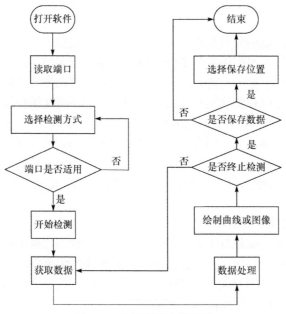

图 4.14　检测程序主流程图

在检测过程中，数据采集和数据读取的指令通过计时器定时发送至测温模块和弱磁模块，且定时器的响应间隔可调，因此系统具备数据采集频率可调的功能，响应间隔设定为 100～2000ms 可调，即采集频率在 0.5～10Hz 可调。

为保留检测过程的完整数据，设计数据保存功能，在终止检测后，可对本次检测的数据进行保存。选定保存目录后，数据将以文本格式保存在指定位置，并由用户自主命名。

3. 检测数据处理

在检测过程中，测温模块、弱磁模块和湿度模块将采集到的数据全部传输给上位机，通过上位机检测系统的数据处理程序，对原始数据进行处理。在暂停或者终止检测后，可对已检测数据进行查阅，方便数据对比和分析。

检测数据结果的呈现分为曲线和二维云图两种形式。检测曲线是将经过去噪、运算处理后的数据加入 ZedGraph 控件中，以点成线，呈现于系统界面，每一个数据点的具体参数都可以通过鼠标选取来查阅，以便于结果分析、评价。检测二维云图是对多个传感器的数据进行插值处理后得到的，用伪彩色的方式在界面中呈现。弱磁检测曲线出现异常时，在二维云图上以鲜艳的颜色呈现，提示检测人员进一步比对判断。

由于检测现场环境的复杂性，检测采集得到的信号中存在较多的噪声信号，增加了检测人员对数据识别的难度，降低了信号的可读性，需进行噪声处理以削弱噪声信号的影响。在本系统中，采用插值法提高数据结果呈现的可读性。

1) 噪声处理

根据地面温度场的分布特点，在任一方向上，温度函数是连续变化的，令某一水平方向上的地面温度函数为 $G(x)$，则 $G(x)$ 是连续函数。沿该方向进行数据采集，得到一个离散点集 $I = \{I_x, x = 0, 1, 2, \cdots, m\}$，该点集就是采集得到的实际信号，作为原始信号保存到检测程序的数组中，而地面温度场在该方向上的真实信号应为 $G^*(x) = G(x)$ （$x = 0, 1, 2, \cdots, m$）。

设 $S_k(x)$ 为 k 次多项式，则存在一向量 $A = (a_0, a_1, a_2, \cdots, a_n)$ 使得连续函数 $S(x) = a_0 s_0(x) + a_1 s_1(x) + a_2 s_2(x) + \cdots + a_n s_n(x) + \Delta$，其中，$\Delta$ 为当 n 取足够大值时一个充分小的实数。设离散函数 $S^*(x) = S(x)$ （$x = 0, 1, 2, \cdots, m$），记 $\delta_x = I_x - S^*(x)$ （$x = 0, 1, 2, \cdots, m$）。

在 k 及 m 已确定的情况下，可求得 $S(x)$ 使得 Δ 最小，即最小二乘逼近。从曲线拟合的角度讲，就是对采集到的数据离散点用最小二乘法进行拟合。

最小二乘法拟合曲线因其计算简单、满足大部分结果要求，应用较为普遍。在实际应用中，$S(x)$ 的具体形式不是单纯的数学问题，通常要根据所探讨问题的规律，结合已知的数据，才能得到较好的结果。

检测系统检测到的信号是地面温度场、噪声信号以及其他影响因素的综合结果,根据地面温度场的分布特性,其真实信号应为一个变化趋势平缓的连续函数。而振动导致的噪声信号从曲线上看多为尖峰或锯齿形,属于急剧变化的高频信号。考虑检测数据中识别的泄漏处异常信号,现将采集得到的原始数据进行分段二次拟合。噪声处理前后 CT(摄氏温度)曲线对比如图 4.15 所示,CT 曲线为以测温模块数据绘制的曲线。

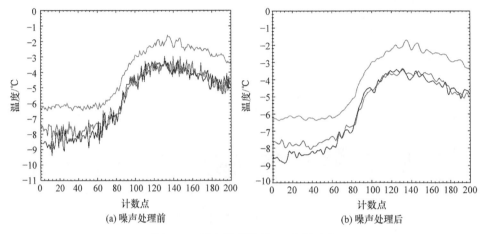

(a) 噪声处理前　　　　　　　　　　(b) 噪声处理后

图 4.15　噪声处理前后 CT 曲线对比

2) 插值处理

异常信号的识别对检测人员的要求较高,若能以图像呈现的方式降低对曲线异常判断的难度,无疑会提高检测结果的可读性,在一定程度上提高检测结果的准确度。

热力管道磁-温-湿综合泄漏检测系统的测温模块和弱磁模块,分别搭载了三个传感器。进行检测时,同一时刻温度及弱磁传感器都可采集得到三个数据,这样就可以利用阵列式传感器的数据处理方式,对检测结果实现二维云图显示。使用较少的数据进行成像会降低图像的分辨率,因此采用权函数的方式,在三个原始数据之间插入设定数量的计算值,使图像具备更高的分辨率。

图 4.16 为进行插值处理和噪声处理前后结果呈现的对比情况。对比噪声处理前后的效果,可见噪声处理后的曲线基本保持了原始曲线的特征。噪声处理后,不仅减少了尖峰、锯齿和杂波等信号,还凸显了异常信号的区域,提高了信噪比,最终提高了实际检测时的定位准确度。图像经插值处理后,具备了更高的分辨率和辨识度,使得检测结果更美观。

图 4.16 中两曲线的横坐标是检测数据的计数点,纵坐标是各传感器的测量值,MT(磁检测)曲线是以弱磁模块数据绘制的曲线,当计数点数量超过软件默认显示上限(200 个计数点)时,可通过移动 Tarckbar 控件的滑块翻阅数据。在移动 Tarckbar

控件滑块时，CT 曲线、MT 曲线及二维云图将同时改变至需呈现的数据段，三者的横坐标是严格对应的。

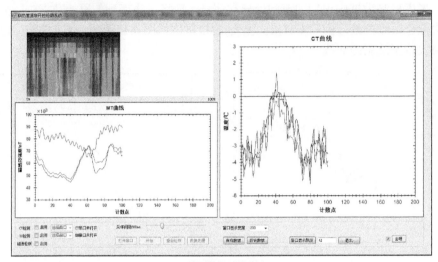

(a) 检测数据原始呈现

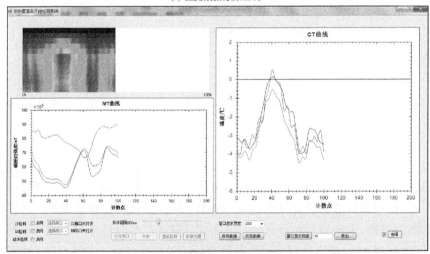

(b) 检测数据插值及噪声处理后的呈现

图 4.16　数据插值处理和噪声处理前后结果呈现的对比

4.5　系统技术指标

城市热力管道磁-温-湿综合泄漏检测系统的主要技术指标如下。

检测速度：60m/min。

温度测量分辨率：0.1℃。

弱磁测量分辨率：1nT。

工作温度：–10～50℃。

采样频率：弱磁传感器为 1～1000Hz；温湿度传感器为 1～10Hz。

检测允许的最大埋深：2.5m。

允许偏移：距离管道垂直距离 0.5m。

泄漏定位精度：±0.3m。

4.6　现场检测方式

对在役运行的城市热力管道进行非开挖泄漏检测，要全面做好检测前、中、后期的工作。在检测前期，要详细记录被检测热力管道的信息(如管径和管道的敷设走向)、环境温度情况、天气状况等信息；在检测中期，除了要完成温度、磁场和湿度信号的采集工作外，还要对出现异常数据信号的热力管道位置做好标记，并划定泄漏可疑区，对被检测区域的检测数据进行保存；检测后期也就是检测工作完成后，对保存的数据进行处理和分析，判断热力管道可疑泄漏区域，划定疑似泄漏点，若对划定的疑似泄漏点有怀疑，则应复查以进行确认，并对特定的疑似泄漏点进行开挖验证。最后对所有曲线、云图等信息资料进行整理，出具最终的热力管道泄漏检测报告。现场检测流程如图 4.17 所示。

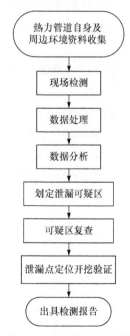

图 4.17　现场检测流程图

4.7　泄漏点判定方法

利用热力管道磁-温-湿综合泄漏检测系统的检测结果判定热力管道泄漏，要分不同情况对待。沿热力管道敷设方向的地表进行初步扫查时，若温度值、磁感应强度幅值和湿度值均发生异常变化，首先观察是不是经过了热力井井盖，若是，则打开井盖查看，观察井内是否有泄漏的热水；若不是井盖，则可将此处定为疑似泄漏点。划定出一块复查区域，采集整个区域特定检测点的温度值，经过插值等数据处理得到复查区域的温度梯度变化云图。观察划定复查区域的温度场梯度变化图像是否满足热力管道泄漏时的土壤表面温度场变化特征，若满足泄漏特征，则可以断定这个可疑区域确实存在热力管道泄漏的状况，可结合磁感应强度幅值变化曲线确定泄漏点；否则，需假定热力管道未泄漏，是干扰因素引起的。

供热期进行热力管道泄漏检测的一般过程为：使用红外测温模块沿管线检测地面温度场，可发现异常的高温区域，再使用弱磁模块沿管线采集近地磁场的数据，发现磁场异常区，并根据湿度探测传感器分析湿度变化状况。结合三者采集的数据，通过排除法，最终能够确认信号异常区域是否为泄漏所致。

具体的判断步骤如下：

(1) 检测开始前，根据换热站的补水量判断被检测管道是否发生泄漏。

(2) 若确认有泄漏点存在，则使用检测系统沿管线进行数据采集，根据检测数据的显示找到高温区。

(3) 利用弱磁传感器对高温区附近的地磁场进行检测，若发现地面磁场信号出现异常，则将该区域作为疑似区域。

(4) 将高温区的结果与该区域近地磁场的检测数据对比，进行进一步排查、判断。若近地磁场的检测结果不符合泄漏特征，则判定为其他因素导致的温度场变化；若温度场的数据和近地磁场数据同时表明该区域为疑似泄漏处，则通过现场查探进一步分析讨论，排除其他可能因素后判为泄漏。

(5) 利用湿度测量数据作为管道泄漏判断的附加与佐证材料。

下面对热力管道完好、泄漏、未泄漏但保温层破损三种状态下的温度场和近地磁场分布进行讨论。

1) 热力管道完好

热力管道在未发生泄漏且保温层未破损时，若管段上部地面环境相同或近似，则地面温度场和地磁场沿管线的信号变化应较为平缓，即沿管线进行检测时，地面温度和近地磁场不会出现剧烈波动。完好管道检测信号特点如图 4.18 所示。

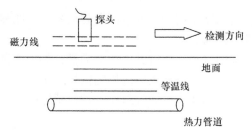

图 4.18 完好管道检测信号特点示意图

2) 热力管道泄漏

当热力管道发生泄漏导致管内热水泄漏至管道外部时，由于管道压力作用，在土层中形成一定体积、形状的空腔，该空腔注满热水，并使周围土壤含水量大幅提高，土壤的电导率将发生改变。已泄漏管道检测信号特点如图 4.19 所示。

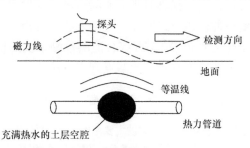

图 4.19 已泄漏管道检测信号特点示意图

此时的地面温度场因热水泄漏发生改变，近地磁场也由于管壁破损会出现信号异常。通过检测管道上方的地面温度场和近地磁场，可找出此异常区域，泄漏点位置也得到确认。

3) 热力管道未泄漏但保温层破损

当热力管道未发生泄漏但保温层发生破损时，地面温度因保温层破损而升高，但由于管道本身并未破损，使用弱磁传感器检测该区域时，检测信号不会出现明显的异常。保温层破损的管道检测信号特点如图 4.20 所示。

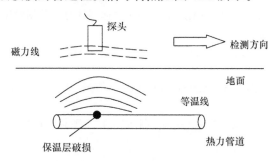

图 4.20 保温层破损的管道检测信号特点示意图

此时信号的特点是温度场信号有异常而弱磁信号并无明显异常，可作为疑似位置或者非泄漏处进行判断。

除了以上三种典型的状态，还有其他影响因素，如地面杂物、交叉管道等都会对检测产生影响，导致温度场和近地磁场的信号发生改变，但一般情况下这些因素极少数会同时出现。因此，可通过对比三种传感器的检测数据、观察检测现场的情况、反复检测等方式将干扰排除。

4.8　本章小结

当城市热力管道服役时间较长而发生较严重的腐蚀时，往往在供暖期会发生腐蚀泄漏，需要一种非开挖的在役管道泄漏检测仪器对泄漏点进行定位。由于水的流动性，单一方法在地面上很难对管道泄漏点进行准确定位，利用弱磁检测、红外测温、湿度测量三种检测方式的冗余判断方法，可提升管道泄漏检测的准确性。本章介绍了城市热力管道磁-温-湿综合泄漏检测系统的检测技术原理、软硬件设计、技术指标、现场检测方式及泄漏点判定方法。

参 考 文 献

[1] 洪学娣, 商永鹏. 浅析直埋热力管道泄漏的主要原因[J]. 山西建筑, 2009, 35(1): 196-198.

[2] 董壮进, 廖荣平, 王淮, 等. 供热管网系统泄漏与堵塞的诊断[J]. 煤气与热力, 2000, 20(3): 192-194.

[3] 杨宇, 孙建刚, 刘振民. 埋地热力管道泄漏对大地温度场影响数值仿真分析[J]. 油气田地面工程, 2004, 23(6): 10-11.

[4] 张东领, 王树青, 张敏. 热输油管道泄漏定位技术研究[J]. 石油学报, 2007, (1): 131-133.

[5] 袁朝庆, 刘迎春, 刘燕, 等. 光纤光栅在热力管道泄漏检测中的应用[J]. 无损检测, 2010, 32(10): 791-794.

[6] 王汝琳, 王咏涛. 红外检测技术[M]. 北京: 化学工业出版社, 2006.

[7] 李云红, 孙晓刚, 原桂彬. 红外热成像仪精确测温技术[J]. 光学精密工程, 2007, 15(9): 1336-1341.

[8] 周剑英, 戴珍娟, 张芳, 等. 红外耳温计与水银体温计分度数据对比研究[J]. 护理研究, 2013, (30): 3407-3408.

[9] 徐静, 王新生, 高守杰, 等. 地物比辐射率数据分析[J]. 遥感技术与应用, 2014, 28(5): 815-823.

[10] 晏敏, 彭楚武, 颜永红, 等. 红外测温原理及误差分析[J]. 湖南大学学报(自科版), 2004, 31(5): 110-112.

[11] 马祖长, 孙怡宁. 温湿度检测的无线传感器网络[J]. 传感器与微系统, 2003, 22(12): 57-59.

第 5 章　城市热力管道检测信号处理

城市热力管道非开挖检测的难点在于检测信号的处理技术，由于被检测物体位于地下且检测环境复杂，很多时候需要通过分析检测环境及检测信号特点来判断此处为管道损伤还是管道外界干扰。本章介绍管道损伤判断的原理、信号滤波的方法、损伤标定的方法以及管道检测信号中干扰信息的辨别方法。

5.1　损伤判断原理

用梯度法对埋地管道缺陷进行判断，在无损检测领域是一种新的尝试。在进行缺陷检测之前，需要明确金属管道在地下的精确走向及埋深。利用磁梯度传感器在地面沿管线进行检测，可采集埋地金属管道在地面上方各个不同方向的磁场梯度信号，依据磁场梯度信号的变化来判断被检测管道是否存在缺陷。梯度法埋地金属管道检测示意图如图 5.1 所示。

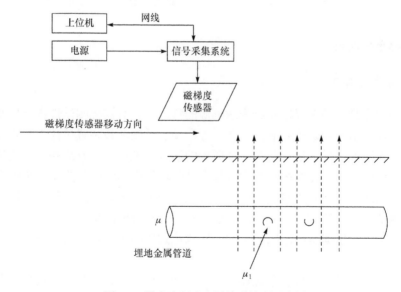

图 5.1　梯度法埋地金属管道检测示意图

　　被检测埋地金属管道处在均匀的地磁场环境中，若管道材质均匀、连续，则管道内部磁力线均匀分布，同样，管道周围的磁力线也均匀分布。在图 5.1 中，μ 为埋地金属管道的相对磁导率，μ_1 为埋地金属管道腐蚀处的相对磁导率，向上的箭头代表穿过埋地金属管道的地磁场分量。在埋地金属管道腐蚀处，其相对磁导率 $\mu_1 < \mu$，对均匀分布的磁力线产生排斥，导致此处埋地金属管道表面的磁力线密度增加。与无腐蚀的埋地金属管道相比，埋地金属管道腐蚀处地表的磁场强度增大，传感器采集的磁场信号增强，检测曲线将会产生向上的凸起。通过后续磁场梯度计算，在埋地金属管道缺陷处，检测信号将会产生明显的异常。通过该异常信号产生位置及磁感应强度变化，能够确定腐蚀缺陷的位置及大小。如果埋地金属管道存在连续腐蚀，则其磁感应强度信号将会连续地出现异常。通过埋地金属管道腐蚀缺陷的磁感应强度信号异常特征，结合磁场梯度异常信号横坐标的长度，可以判断埋地金属管道腐蚀面积的大小[1]。

　　实际工程应用中，埋地金属管道一般采用铁磁性材料，根据铁磁性材料的磁特性可知，其磁感应强度随着外界磁场强度的变化而变化。当用梯度法检测埋地金属管道时，外界地磁场可认为是一个恒定的磁激励源，检测过程中磁梯度传感器采集的磁异常信号是由埋地金属管道自身的异常变化导致的，如管道的腐蚀、裂纹等[2]。

5.2　损伤信号的分析

5.2.1　噪声的抑制

1. 噪声的来源

　　弱磁检测是一种在以地磁场为激励源的背景下，对被检测试件进行检测的无损检测方法。由于弱磁检测装置是在不加激励、无磁屏蔽装置条件下，直接测量环境中金属物的磁异常场，与有外加磁场的漏磁、磁粉检测方法相比，这种磁场信号较为微弱，所以在检测过程中容易受到各种噪声的干扰。为了减少噪声信号对检测结果的影响，应当对实测信号进行噪声处理。弱磁检测属于电磁检测的一种，检测信号中必然带有高频噪声和低频扰动。作为弱磁检测激励源的地磁场本身也含有噪声，依据噪声起因的不同，影响地磁场的噪声可分为地质噪声、场源噪声和人文噪声等。

　　因此，对地磁场信号、干扰噪声信号分别进行研究寻找其信号特征，有益于检测信号的分析。有效去除干扰信号，保留有用信号，是弱磁无损检测技术能否得到很好应用的关键。

对于噪声的处理有软件滤波和硬件滤波两种方法。由于硬件滤波缺乏灵活性，所以对噪声信号的去除多采用软件滤波方法。通常采用的软件滤波方法有低通、高通、带通滤波，以及小波分析、平滑数字滤波、自适应滤波、限幅滤波、维纳滤波、汉宁窗滤波、加权递推滤波等[3]。

由于弱磁检测技术没有施加人工激励磁场，外部干扰噪声频段高于有用信号频段，所以可选用简单、有效的低通滤波方法对弱磁检测信号进行降噪处理。针对高频噪声处理问题，传统数据处理方法可以分别得到磁信号的高频成分和低频成分，但只能在时域或频域进行分析，而小波分析能同时在时域和频域内对检测信号进行分析，实现更好的降噪效果。

小波分析方法计算相对复杂，本书涉及的城市热力管道非开挖检测系统中只用到了低通滤波方法。

2. 降噪方法

低通滤波器(low pass filter, LPF)的频率响应由两部分组成：通带，在 $\omega = 0$ (直流)附近，频率响应为 1；阻带，频率响应为 0。因此，低通滤波器定义为

$$H_{lp}(j\omega) = \begin{cases} 1, & |\omega| \leqslant \omega_{co} \\ 0, & |\omega| > \omega_{co} \end{cases} \tag{5.1}$$

式中，ω_{co} 为截止频率或者低通滤波器的通带边界频率。

图 5.2 为截止频率为 ω_{co} 的低通滤波器的频率响应，可以看出 $H_{lp}(j\omega)$ 关于 $\omega=0$ 对称。实数冲激响应使得低通滤波器具有共轭对称的 $H_{lp}(j\omega)$。

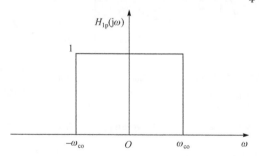

图 5.2　截止频率为 ω_{co} 的低通滤波器的频率响应

要根据实际有用信号的频段和外部干扰噪声频段的不同，进行低通滤波器的通带边界频率选择。研究表明，地磁场平均每 50 万年翻转一次，所以弱磁检测中地磁场可以默认为静磁场，而噪声的频段高于地磁场的频段。实验中，分别选择 30Hz、25Hz、20Hz、15Hz、10Hz 为低通滤波器的通带边界频率，对某试件的弱

磁检测原始信号进行噪声处理，结果如图 5.3 所示。从不同低通滤波器的通带边界频率滤波结果的对比中可以发现，低通滤波器的通带边界频率越低，曲线变得越平滑。但是低通滤波器的通带边界频率选择得太低，会使检测结果失真，缺陷信号分析会有较大的偏差。为了尽可能消除检测信号中的噪声又使检测结果不失真，应该合理选择低通滤波中的通带边界频率[4]。

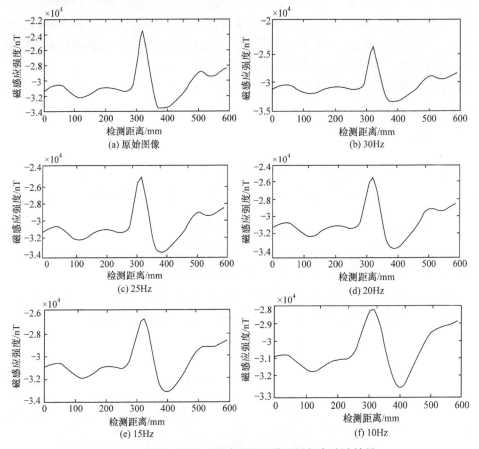

图 5.3　选择不同低通滤波器的通带边界频率滤波结果

5.2.2　缺陷信号的识别

1. 磁场峰峰值与概率统计相结合分析

对弱磁检测信号进行分析，最为重要的是从检测信号中识别哪些是缺陷信号，哪些是非缺陷信号，这是弱磁检测信号分析的难点。由相关资料可知，电磁无损检测技术对于裂纹缺陷的检测，信号特征往往在局部时间轴上表现出异常，主要的信号特征有信号峰峰值、信号绝对峰值、波宽、相邻信号差分值、信号周长、波形面积、短时能量等。结合弱磁检测信号的特点，这里选用信号峰峰值对弱磁检测信号进行分析。

峰峰值定义为局部异常信号的波峰幅值与相邻两波谷幅值之差中的较大值，如图 5.4 所示。对峰峰值进行计算时首先要找到信号曲线中的所有极大值、极小值，将所有极大值与相邻的两个极小值进行相减，选取其中较大的一个值。这个特征量能够很好地排除非缺陷因素导致的信号波动，使缺陷信号识别的可靠性和准确性得到很大的提高[5]。

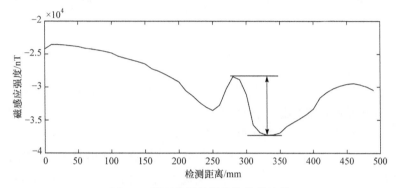

图 5.4　弱磁检测信号峰峰值的计算

使用峰峰值进行特征量分析，结果如图 5.5 所示。从图 5.5(a) 中可知，检测原始信号中存在三个缺陷信号，所在横轴方向位置分别为 310mm、930mm、1500mm 处；从图 5.5(b) 中可知峰峰值的综合平均值比较小，但在横轴方向位置 280mm、970mm、1520mm 处的峰峰值较大，分别为 1283nT、392nT、270nT。可见，使用峰峰值能够很好地对弱磁检测信号进行分析。

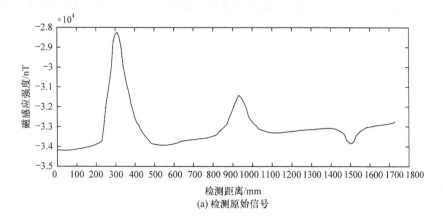

(a) 检测原始信号

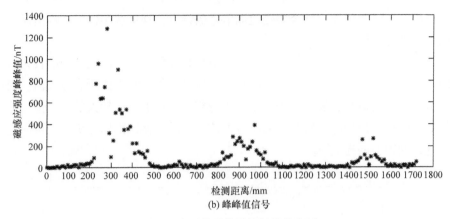

图 5.5　弱磁检测信号特征量的分析

　　使用峰峰值的方式虽然能够很好地突出弱磁检测信号的突变，但是无法识别哪些突变是由缺陷因素导致的，哪些突变在正常变化范围以内。为解决此问题，需结合概率统计方法进行分析研究。

　　弱磁检测信号中不仅存在缺陷信号信息，也存在一些由噪声、传感器晃动等因素导致的信号波动。因此，即使在检测范围内不存在缺陷，检测所得的信号也存在波动的峰峰值，但峰峰值较小，波动区间不大；若是由缺陷导致的信号波动，其峰峰值波动幅值往往较大，远远超出非缺陷因素导致的峰峰值的波动范围。鉴于弱磁检测信号存在这样的特征，这里引入概率统计方法进行研究。

　　峰峰值的分布属于随机分布，且服从正态分布，故对峰峰值分析的理论依据是符合正态分布的随机信号分析方法。设 ξ 为服从正态分布的随机变量，μ 为数学期望，σ 为均方差，α 为标准正态分布中横坐标 u 的分位数。那么，ξ 出现在 $(\mu-\alpha\sigma, \mu+\alpha\sigma)$ 区间内的概率为正态分布曲线在该区域内与 x 轴围成的面积，即

$$P(\xi) = P(\mu - \alpha\sigma < \xi < \mu + \alpha\sigma) = \int_{\mu-\alpha\sigma}^{\mu+\alpha\sigma} y\,\mathrm{d}x \tag{5.2}$$

式中

$$y = P(x) = \frac{1}{\sigma\sqrt{2\pi}}\mathrm{e}^{-\frac{(x-\mu)^2}{2\sigma^2}} \tag{5.3}$$

　　表 5.1 为正态分布常用分位数表，反映了概率 p 和标准正态分布中横坐标 u 的关系。

表 5.1　正态分布常用分位数表

p	0.90	0.95	0.975	0.99	0.995	0.999
u	1.282	1.645	1.960	2.326	2.576	3.090
说明	$\alpha=0.10$ 单侧分位数 $u_{1-\alpha}$	$\alpha=0.05$ 单侧分位数 $u_{1-\alpha}$	$\alpha=0.05$ 双侧分位数 $u_{1-\alpha/2}$	$\alpha=0.01$ 单侧分位数 $u_{1-\alpha}$	$\alpha=0.01$ 双侧分位数 $u_{1-\alpha/2}$	$\alpha=0.001$ 单侧分位数 $u_{1-\alpha}$

　　根据城市热力管道非开挖检测系统对热力管道检测所得信号的特征，本节使用峰峰值与概率统计相结合的方式对检测所得的信号进行分析。峰峰值为波峰幅值与相邻波谷幅值之差中的较大值，所以总在大于零的区间内波动，且缺陷导致的峰峰值波动较大，使某缺陷附近的相邻极值之差大致服从正态分布，其数学期望 $\mu=0$，峰峰值的效果相当于相邻极值之差的绝对值。从方差原理可知，若某数组的数学期望 $\mu=0$，则加绝对值前后其数组的方差相同。由式(5.3)计算随机变量峰峰值在 $(0, \mu+2\sigma)$ 区间上的概率为 0.9545，以此来识别是否为缺陷信号。

　　采用峰峰值结合概率统计的方式对图 5.5 中的弱磁检测信号进行分析，根据式(5.3)可求得概率为 0.9545 的峰峰值区间为(0, 190)，结果如图 5.6 所示，识别是否为缺陷信号的区间上限以直线在图中表示。

　　从图 5.6 中可知，该检测信号在横坐标轴 280mm、970mm、1520mm 附近处超出阈值线，即在此三处存在缺陷，分析结果与被检测管道的实际情况相符，从分析结果中可知缺陷所在的位置。使用该方法不仅可实现对缺陷信号的识别，也能够实现对缺陷的定位。

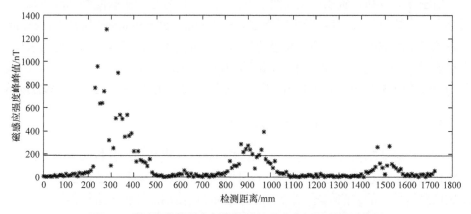

图 5.6　采用峰峰值结合概率统计的方式分析弱磁检测信号

2. 磁场梯度与概率统计相结合分析[6]

　　磁场梯度处理是对磁信号进行分析的常用方法，能够识别弱磁检测信号中的缺陷信息。磁场梯度反映磁场强度沿着空间某方位的变化率，用符号 dH/dx 来表示。磁场梯度为矢量，其方向为磁场强度变化最大的某一方向，均匀磁场中 $dH/dx=0$，非均匀磁场中 $dH/dx \neq 0$。传感器所采集的磁信号为被检测试件表面法向方向的磁感应强度，这里提出用磁场梯度与概率统计相结合的方式对弱磁检测信号进行分析。由式(5.3)计算随机变量磁场梯度在 $(0, \mu + 2\sigma)$ 区间上的概率为 0.9545，以此来识别是否为缺陷信号。对图 5.5 中的原始信号曲线做梯度分析，并结合概率统计方法计算出用于识别是否为缺陷信号的阈值线，根据式(5.3)可求得概率为 0.9545 的磁场梯度区间为(−190, 190)，在图 5.7 中以两条直线来表示阈值区间。

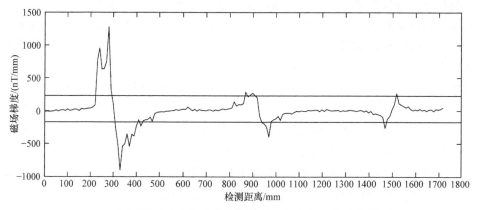

图 5.7　用磁场梯度与概率统计相结合的方式分析弱磁检测信号

由图 5.7 可知，磁场梯度曲线中有三处磁场信号超出了缺陷判别阈值线，说明存在三个缺陷信号，其位置区间为 220～410mm、855～980mm、1470～1525mm，即在该三个区域内存在缺陷，缺陷的具体位置可由磁场梯度峰峰值的均值求得。根据磁梯度理论进行计算，第一个缺陷的位置为(220+410)/2=315mm，第二个缺陷的位置为(855+980)/2=917.5mm，第三个缺陷的位置为(1470+1525)/2=1497.5mm。

3. 磁场峰峰值与磁场梯度的对比

前面针对缺陷信号的识别提出了磁场峰峰值和磁场梯度分析两种方法，并分别结合概率统计理论进行分析。从分析的结果可知，这两种方法都能很好地识别弱磁检测信号中的缺陷信号，并实现缺陷的定位。使用磁场梯度进行信号分析时，一个缺陷信号一般会同时超出上、下阈值线，并且超出上、下阈值线的位置在水平方向不一致，需要求取平均值对缺陷做定位分析。使用磁场峰峰值进行信号分析时，超出阈值线峰峰值的位置即缺陷所在的实际位置。

磁场峰峰值即信号波动的幅值，而电磁无损检测就是依据磁信号波动的幅值对缺陷做定量分析，因此可根据磁场峰峰值对缺陷做定量分析。使用磁场梯度对信号进行分析时，失去了原始信号中的波动幅值，因此需要根据磁场梯度曲线的峰值对缺陷做定量分析。

5.2.3　缺陷的定量分析

对城市热力管道非开挖检测过程中获得的磁信号进行处理的常用方法是信号梯度处理，这种方法有利于识别被动式弱磁检测信号中的缺陷信号。仪器所采集的磁信号为被检测金属管道正上方的空间磁场强度。这里对弱磁检测信号采用磁场梯度与概率统计相结合的方式进行分析，如图 5.8 所示。

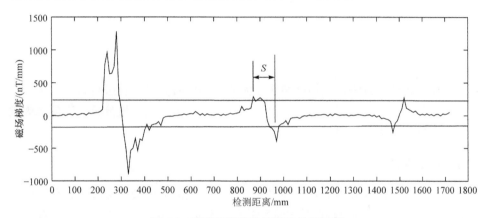

图 5.8　弱磁检测信号及缺陷长度判断

由图 5.8 可知，若磁场梯度超过所设定缺陷判别阈值线(图中两条水平线)，则判断其为缺陷。根据概率统计的原理，若原始磁信号用 H 表示，原始磁信号均值用 $\overline{H}$ 表示，信号方差用 σ 表示，则缺陷判定依据为

$$\overline{H} - 2\sigma < \frac{\mathrm{d}H}{\mathrm{d}x} < \overline{H} + 2\sigma \tag{5.4}$$

数据经过梯度处理后，在管道无缺陷区段所测得的磁场梯度变化相对较小，未超过图中标出的阈值线。在整个管道数据采集过程中，当传感器刚刚进入腐蚀位置的边缘时磁场梯度会发生明显变化；传感器完全进入腐蚀区后，磁场梯度一般会向另一方向剧烈变化；当传感器离开腐蚀区段另一边缘时，磁场梯度再一次剧烈变化。前后磁场剧烈变化的两个位置的轴向距离 S 定义为腐蚀或裂纹缺陷轴向长度。

城市热力管道非开挖检测系统中设置有多个磁传感器，分别用来记录管道上方各位置及各方向的空间磁感应强度。若管道腐蚀深度用 d 表示，管道埋深用 h 表示，磁场强度用 H 表示，则这三者之间满足：

$$d = Ae^{-B\frac{H-\overline{H}}{h^2}} \tag{5.5}$$

通过对大量的测试数据进行分析可得出式(5.5)中系数 A 和 B 的数值。

若系统中的磁传感器数量为 n，则第 i 号磁传感器所得的腐蚀深度 d_i 为

$$d_i = A_i\mathrm{e}^{-B_i\frac{H_i-\frac{1}{n}\sum\limits_{k=1}^{n}H_k}{h^2}} \tag{5.6}$$

最终得出的腐蚀深度 D 为

$$D = \frac{1}{n}\sum_{k=1}^{n}d_k \tag{5.7}$$

5.3　损伤标定方法

各种缺陷检测方法，包括超声法、涡流法和电磁法等，在进行缺陷定量分析之前都需要进行标定。弱磁检测法也不例外，为实现缺陷定量分析，需模拟被检测管道的直径、壁厚、埋深和压力等数据。

5.3.1　标定步骤

损伤标定是通过检测刻有不同尺寸、不同类型缺陷的被检测样件，获取样件的检测信号信息，计算出缺陷信号的峰峰值、梯度、影响长度、影响宽度等数据，按照一定的缺陷定量分析方法，拟合出缺陷尺寸与检测信号的关系。损伤标定时，不仅需要将某个缺陷的各个维度分开标定，也要将不同类型缺陷分开标定。

一般标定过程如下：

(1) 选取数根直径不同且刻有人工缺陷的样管，样管的材质与城市热力管道通常所选用的材质相同；

(2) 样管上刻有不同直径和深度的平底孔类型人工缺陷，用于模拟腐蚀缺陷；

(3) 样管上刻有不同尺寸的人工槽，用于模拟管道中常见的裂纹型缺陷；

(4) 使用磁梯度传感器沿管道上方扫查测量，记录传感器在不同提离高度时所采集到的磁感应强度信号；

(5) 对信号进行噪声消除、滤波等处理后，对于缺陷处的信号，提取其峰峰值、梯度、影响长度、影响宽度等信号特征；

(6) 根据检测信号分析获得缺陷的类型，计算缺陷的尺寸，与实际制作缺陷的数据进行对比；

(7) 建立检测信号与传感器提离高度(相当于管道埋深)、缺陷尺寸的标定数据库。

5.3.2　标定算法

实际检测中，缺陷的尺寸与类型会由一个或者多个变量决定，这些变量之间相互制约和相互依赖。这些变量之间的相互关系主要分为以下几种情况：

(1) 变量之间关系确定，即函数关系。这种关系在微积分学和初等数学中较为常见。

(2) 变量之间的关系不能准确用公式表示。即这些变量中至少有一个或者多个随机变量，且变量之间存在一定相互关系，但是这种相互关系不能准确地用表达式确定，存在一定的不确定性。研究这类问题一般采用统计学方法，通过回归计算近似表达出变量之间的关系。

回归分析是指研究一个随机变量与一个(或者几个)可控变量之间相互关系的统计学方法。回归分析从不同的角度可以划分为不同的种类，从函数表达式可以划分为存在线性关系的统计学方法(线性回归)和不存在线性关系的统计方法(非线性回归)，从自变量和因变量的个数可以划分为多元回归分析和一元回归分析。

(1) 线性回归。线性回归是指利用数理统计中的回归分析方法，统计分析出相互依赖、相互关联的两种或者两种以上变量之间关系的方法。通过分析线性回归问题模型中变量的多少，将该类问题分成两种：一元线性回归问题和多元线性回归问题。在一元线性回归问题中因变量和自变量只有一个，且自变量与因变量之间的关系可以近似用一条直线表示。多元线性回归问题中存在多个自变量，同时自变量与因变量之间呈线性相关。线性回归分析用途广泛，可用来进行预测与控制。线性回归的一般表达式为 $y = w'x + e$，其中 e 是服从正态分布的误差，其均值为零。

(2) 非线性回归。在解决一些工程性问题时，经常会涉及非线性回归问题的求解。这类问题的自变量和因变量在图形上会形成不同形状的曲线，它们之间不是简单的一次函数关系，解决这类问题的回归分析方法称为非线性回归。非线性回归通常划分成两种：一种是形式上的非线性回归，其实质上还是线性回归，在解决这类问题时，通常先将其转化为线性问题，再进行求解；另一种无论在实质上还是在形式上都是非线性的回归，这类非线性回归问题不能被线性化，学术界至今未有系统的研究结果。

在解决这类非线性回归问题时，首先采用画散点图的办法，选择与散点图最接近的曲线模型进行求解，然后通过比较不同回归方程的相关系数，选择最优的结果。

下面以利用峰峰值标定方法计算的某损伤标定过程为例进行说明。

热力管道缺陷定量分析的影响因素较多，一般可以分为外因和内因。外因主要与地磁场强度的大小、方向等有关，内因主要与缺陷的几何形状、缺陷的形成原因、材料材质等有关，因此缺陷信号特征量与腐蚀深度之间的关系并不固定。

在实际检测过程中发现，缺陷处磁感应强度峰峰值可以作为缺陷信息的一个参考量，其与缺陷的深度呈一定关系，因此选用缺陷处磁感应强度峰峰值作为缺陷定量分析的变量。缺陷处磁感应强度峰峰值的计算如图 5.9 所示。

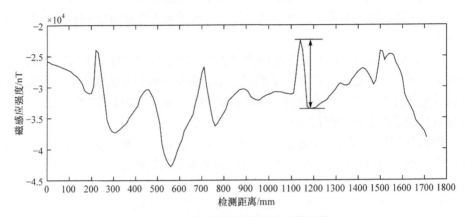

图 5.9　缺陷处磁感应强度峰峰值计算

由于缺陷处磁感应强度峰峰值受到缺陷的几何形状、缺陷的形成原因、材料材质等影响，不同工件的缺陷处磁感应强度峰峰值与腐蚀深度的关系式不同，甚至关系式的趋势也不尽相同，因此选用多元回归方式进行拟合，求出缺陷处磁感应强度峰峰值与腐蚀深度关系表达式的系数。

在求取缺陷处磁感应强度峰峰值与腐蚀深度表达式系数时，需要比较不同阶次拟合得到结果的相关系数，选取相关系数最大的阶次作为拟合的结果。

针对管道上直径相同、深度不同的圆形人工缺陷进行相关实验，通过多次扫查管道统计出缺陷处磁感应强度峰峰值，如表 5.2 所示。

表 5.2　样件检测磁感应强度峰峰值　　　　　　　　　　（单位：μT）

检测次数	缺陷尺寸/(mm×mm)				
	$\phi 6 \times 1.2$	$\phi 6 \times 2.4$	$\phi 6 \times 3.6$	$\phi 6 \times 4.8$	$\phi 6 \times 6$
1	3.20486	6.15318	11.68545	15.70078	28.20221
2	3.68653	5.93335	12.76324	16.89563	27.14579
3	3.50598	5.45598	10.64339	14.97697	27.83663
4	3.12663	5.20067	11.46314	15.67356	28.64498
5	3.42376	5.67934	11.39853	16.76583	26.94864
6	3.81238	6.04929	13.06458	15.09874	26.83587
平均值/μT	3.46002	5.74530	11.83639	15.85192	27.60235

将表 5.2 中的数据代入多项式回归模型进行求解，可知拟合函数为二元函数时相关系数 $R = 0.9942$ 达到最大，缺陷处磁感应强度峰峰值 B 与腐蚀深度 W 满足：

$$W = -0.0065B^2 + 0.3944B + 0.0706 \tag{5.8}$$

通过回归拟合关系式可以得出缺陷处磁感应强度峰峰值与腐蚀深度的拟合缺陷图，其拟合曲线如图 5.10 所示。

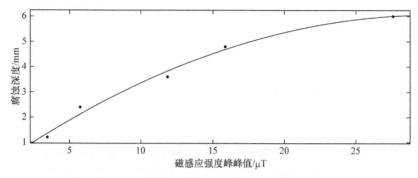

图 5.10　腐蚀深度与磁感应强度峰峰值的关系

缺陷处磁感应强度峰峰值与腐蚀深度的回归分析为我们提供了一种新的缺陷定量分析方法，在检测时通过计算出的缺陷处磁感应强度峰峰值关系表达式，可以对判断为缺陷的信号进行定量分析。

需要指出的是，拟合求出的系数仅适用于管道材质、直径、壁厚、提离高度相同时的缺陷定量分析，当其中的参数改变时，拟合曲线也会有所不同。

5.4　检测干扰信号的分析

在城市热力管道的检测中会有大量的检测异常信号，这些信号并非管道本身的影响，而是管道附件或管道周边的其他物体造成的，例如，路灯杆、电线杆、信号灯杆、各种井盖等人眼可见的干扰物，根据检测现场的记录就能够判断何处信号存在干扰；地面下的补偿器、固定墩、三通、上交叉管、下交叉管、阀门等检测人员无法发现的异物，则只能通过检测信号分析进行判断。

通过大量实验总结各种干扰物的磁信号特点并制作成为样本，热力管道检测完成后首先根据样本查找可能存在的干扰物的位置，再由检测人员进行分析、判定。热力管道检测信号本身就是一种时间序列的检测数据，本章采用相似度分析的方法自动查找管道干扰源的存在，排除不可见异物对检测的干扰。

5.4.1　相似度分析理论

从哲学的角度看，相似理论是研究自然现象中个性与共性、特殊与一般、内部矛盾与外部条件之间关系的理论[7]。

相似性在各个学科领域和人们日常生活中是一个常见的现象。然而，究竟什么是相似，不同人从不同角度有各自的见解。相似系统理论认为，任何事物都具有一定的属性和特征，以下简称为特性。当事物间存在共有特性，而刻画其特征值可能有差别时，称事物间共有的特性为相似特性。当事物间存在相似特性时，便可说该事物间存在相似性。

相似性是同类或异类对象的本质特征，相似性分析与定量描述在模式识别、计算机图形学、仿生学等领域有着广泛的应用。同样，衡量两个模型空间分布特征是否能保持一致，就必须对空间分布特征的相似性进行分析和度量，其评价标准和评估方法必须定量化。对于不同尺度下的线状图形，通常涉及曲线的相似问题。经典几何学中关于图形相似性的研究已经得到了相当丰富的成果，如三角形相似、多边形相似、折线相似、相似变换等，但是关于任意两条曲线相似性问题的报道目前还不多见。

从人对图的认知过程来看，人往往是将识别的图形信息与头脑中已有的模式不断地进行比较、验证，是一个由粗到精、由主体到细节、由模糊到清晰的过程；同时，由于图形之间具有诸多的可比较性和相似性，这一过程又具有某种程度上的不确定性和非严格性。从相似的观点来看，图形间的相似性覆盖了与图形有关的拓扑结构、几何形状以及图形的表达功能等方面；在同一相似性特征中，又有不同的相似程度之分，即图形的相似存在于不同层次、不同方面。虽然有学者对相似问题开展了较为系统、深入的研究，但是从拓扑结构、几何形状和表达功能等多个方面研究图形的相似性，并运用图形相似原理解决图形识别问题，是一个新的研究课题。

相似性判别在股票趋势预测、手写签名验证、智能地图匹配、时间序列搜索等领域都有广泛的应用。从 20 世纪 90 年代起，国内外有很多学者对相似性判别这个课题产生了兴趣，随着计算机技术的发展，相似性的判别方法也在不断的创新和改进，目前最常用的有相似性函数判别法、特征值法和使用距离度量公式进行相似性判别的方法。

相似性函数判别法主要是依赖曲线拟合的数据处理方式对由离散点组成的曲线用连续曲线进行近似刻画，形成拟合曲线的函数，再通过相似性定义的法则对曲线进行相似性计算。

特征值法的应用比较广泛，主要是对曲线的多维关键特征参数进行提取，采用人工智能的相关理论对特征参数进行分析研究,通常这种方法的算法复杂度较高[8]。

在利用距离度量公式进行相似性判别的方法中,距离度量用于衡量个体在空间上存在的距离,距离越远说明个体间的差异越大。距离度量公式包括豪斯多夫距离(Hausdorff distance, HD)[9,10]、欧几里得距离(Euclidean distance, ED)[11]、弗雷歇距离(Fréchet distance, FD)[12,13]、动态时间弯曲距离(dynamic time warping Distance, DTW)[14]等多种,它们都具有各自的优势,目前最常用的是欧几里得距离和动态时间弯曲距离。

曲线的相似性判断是计算机图像、模式识别中的一个中心问题。目前判别方法主要有相似性函数定义法和特征值法。特征值法主要是应用神经网络或者小波分析的方法对特征参数进行比较研究,而相似性函数定义法是通过给定一个相似性定义,再求出定义中所要求的两条曲线间的距离。相似性函数定义法在一定程度上比特征值法效果好,但是在实际应用中,曲线是由离散的点构成的,在判别过程中要将曲线用函数的形式表达很困难,而且对曲线的拟合有很高的要求,最后还要将曲线进行平移和伸缩变换。

5.4.2　弱磁检测数据的时间序列分析

城市热力管道弱磁检测数据本身就是一种时间序列的检测数据,因此采用基于时间序列的相似度分析最为适合。将干扰物的时间序列检测信号作为样本,在热力管道检测数据中进行查找计算,找出疑似干扰物区域,再进行人工分析。

1. 时间序列及相似性搜索[15]

时间序列是指一些在相同的时间间隔下获得的,与时间变化顺序相关的序列值(整数或实数)的集合。时间序列数据是一类重要的复杂数据对象,在社会生活中的各个领域广泛存在。

时间序列的相似性搜索是衡量两个时间序列相似程度的一个重要分析方法,该方法是指找出时间序列数据库中与给定查询序列最相似的时间序列,包括子序列匹配和整体序列匹配。子序列匹配是指在时间序列集中找出与给定时间序列相似的所有时间序列,而整体序列匹配是指找出时间序列集中彼此间相似的序列。

2. 时间序列相似性的基本概念

1) 时间序列

定义 1　城市热力管道检测的时间序列 S 是指沿城市热力管道检测所得到的磁感应强度数据,按时间先后顺序排列而形成的序列,记为

$$S = \{S[1], S[2], \cdots, S[k], \cdots, S[n]\}, \quad k = 1, 2, \cdots, n \tag{5.9}$$

式中, n 为时间序列 S 的长度, 即 S 组成的实数值个数; $S[k]$ 表示时间序列 S 中第 k 组检测数据的数值。

2) 时间序列相似性

定义 2　假定 $S=\{S[1],S[2],\cdots,S[n]\}$ 为待研究时间序列, $Q=\{Q[1],Q[2],\cdots,Q[n]\}$ 为给定参考时间序列, 则时间序列的相似性是指时间序列 S 与 Q 的相似程度, 用相似性度量函数 $\mathrm{sim}(S,Q)$ 表示。若两个时间序列满足 $\mathrm{sim}(S,Q)\leqslant\varepsilon$, ε 表示阈值, 则称时间序列 S 和时间序列 Q 是相似的。

3) 相似性度量函数

定义 3　相似性度量函数必须满足三个条件: ①正定性, 即 $\mathrm{sim}(S,Q)\geqslant\varepsilon$, 当且仅当 $S=Q$ 时, $\mathrm{sim}(S,Q)=0$; ②对称性, 即 $\mathrm{sim}(S,Q)=\mathrm{sim}(Q,S)$; ③三角不等式, 即 $\mathrm{sim}(S,Q)\leqslant\mathrm{sim}(S,R)+\mathrm{sim}(R,Q)$。

这里将标准欧几里得距离作为相似性度量函数:

$$\mathrm{sim}(S,Q)=\sqrt{\frac{1}{n}\sum_{k=1}^{n}\left(S[k]-Q[k]\right)^2} \tag{5.10}$$

显然, 式(5.10)满足相似性度量函数的三个条件。式(5.10)的值越小, 两个时间序列的相似程度越高。若式(5.10)的值为零, 则时间序列 S 与 Q 完全相等。然而, 由于时间序列具有空间和时间的复杂性, 对原始序列直接进行相似性度量将导致不正确的结果, 所以需要对原始时间序列进行以下变换:

$$T(Q[k])=aQ[k]+c, \quad \forall k\in(1,2,\cdots,n), \quad a\neq 0 \tag{5.11}$$

此时, 时间序列 S 与 Q 的相似性程度可由式(5.12)表征:

$$\mathrm{sim}(S,Q)=\sqrt{\frac{1}{n}\sum_{k=1}^{n}\left(S[k]-T(Q[k])\right)^2} \tag{5.12}$$

若式(5.12)的值为零, 则认为时间序列 S 与 Q 完全相似(相等)。

3. 时间序列相似性测量方法

时间序列相似性搜索需要对时间序列的相似性进行测量。时间序列的数据量一般是海量的, 其相似性搜索经常会遇到计算效率的问题, 这就要求采用的时间序列相似性测量方法能够尽量提高计算效率。

对于时间序列, 不同的数据表达形式, 其相似性测量的方法也不尽相同, 主要有以下三种常用的测量方法。

1) 欧几里得距离测量方法[16]

在时间序列数据的相似性分析中, 经常采用欧几里得距离作为相似性计算的工具。两个时间序列的欧几里得距离定义如下。

假设 $X = \{x_1, x_2, \cdots, x_n\}$ 是目标时间序列，$Y = \{y_1, y_2, \cdots, y_m\}$ 是搜索数据库中的一个时间序列，n、m 分别是时间序列 X、Y 的长度，假设 $n \leqslant m$，将序列 Y 的一个子序列记为 Z_i^J，则序列 X、Y 的相似性距离矩阵定义为

$$\min_J \sqrt{\sum_{i=1}^{n}(x_i - z_i^J)^2}, \quad J = m - n + 1 \tag{5.13}$$

欧几里得距离测量方法需要在序列 Y 中产生所有长度为 n 的子序列，要求得 X、Y 的相似度需要计算 $n + m - 1$ 次，其中，距离矩阵中值最小的子序列就是序列 Y 中与序列 X 最相似的匹配位置。

2) 相关性测量[17]

相关性测量也就是计算两个时间序列的相关系数。假设目标时间序列为 $X = \{x_1, x_2, \cdots, x_n\}$，搜索库中的时间序列 $Y = \{y_1, y_2, \cdots, y_m\}$，$n$、$m$ 分别是时间序列 X、Y 的长度，则序列 X、Y 线性相关系数计算如下：

$$r_i = \frac{\sum_{i=1}^{n}(x_i - \bar{x})(z_i - \bar{z})}{\sqrt{\sum_{i=1}^{n}(x_i - \bar{x})^2}\sqrt{\sum_{i=1}^{n}(z_i - \bar{z})^2}} \tag{5.14}$$

通过计算产生一个相关系数序列 $R = \{r_1, r_2, \cdots, r_n\}$，该序列中的峰值位置就是时间序列 X、Y 的最匹配位置。

3) 动态时间弯曲方法[18,19]

由于时间序列自身具有噪声与波动的特点，两个相似序列常常会出现多种变形，如波动干扰、振幅伸缩、时间偏移以及这几种情况的叠加状况等，如图 5.11 所示。

研究表明，动态时间弯曲法基于非线性弯曲技术，可以获得很高的识别度和匹配精度，而且当时间序列在时间轴上存在一定程度的偏移时，动态时间弯曲方法可以很好地处理这种局部位移。运用动态时间弯曲方法计算两条时间序列相似程度的依据为：相似程度越大，距离值越小。动态时间弯曲算法的计算公式为

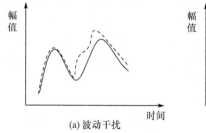

(a) 波动干扰

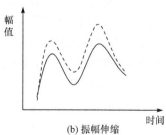

(b) 振幅伸缩

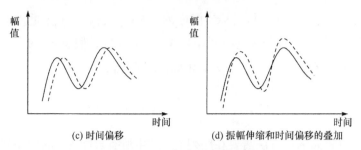

(c) 时间偏移　　　　　　　　(d) 振幅伸缩和时间偏移的叠加

图 5.11　时间序列的变形情况

$$\mathrm{DTW}(Q,C)=\min\left(\frac{1}{k}\sqrt{\sum_{i=1}^{k}w_i}\right) \tag{5.15}$$

式中，w_i 为弯折路径上的点；k 为时间序列的点数。

4. 时间序列表示方法

时间序列的相似性是通过距离度量来确定的，而距离度量的选择与应用领域高度相关。由于时间序列数据本身具有复杂性、动态性、高噪声以及容易达到大规模的特性，直接在时间序列上进行数据挖掘不但在存储和计算上要花费高昂代价，而且可能会影响算法的准确性和可靠性。解决方法就是在进行数据挖掘之前对原始时间序列数据进行降维。

时间序列降维的基本思想是寻求一种有效的数据表示方法，对时间序列的数据量进行压缩，同时保留时间序列的主要形态。常用的时间序列降维方法有离散傅里叶变换、离散小波变换、分段线性表示法、符号表示法和主成分分析表示法等。Agrawal 等[20]提出使用离散傅里叶变换将时间序列从时域空间变换到频域空间，在频域空间中保持原序列的欧几里得距离，该方法的优点是全局性能良好，缺点是平滑了原信号中的一些极值点从而丢失了重要信息。Korn 等[21]提出的奇异值分解(singular value decomposition, SVD)法是一种基于统计概率分布的方法，该方法依然保证了全局性能，但是计算开销大[22,23]。

最常用的时间序列降维方法是分段线性表示(piecewise linear representation, PLR)法，其索引结构维数低，计算速度较快。分段线性表示法的基本思想是用 K 个直线段来近似代替原来的时间序列，即用多个直线段来拟合原时间序列。拟合线段的数目 K 是否合理关系到拟合效果的优劣，数目太小会丢失有用信息，太大又会产生过多的冗余信息。采取的策略是提取时间序列的极值点、趋势转折点，用这些特征点来代替时间序列进行计算。

时间序列可以抽象成一个由观测时间和观测值组成的二元组，表示成 $X=\{x_1,x_2,\cdots,x_i,\cdots,x_n\}$，其中 $x_i=(t_i,v_i)$ 表示时间序列在某时刻的观测值为 v_i，采样间隔 $\Delta t=t_i-t_{i-1}$。

选取什么样的特征点作为曲线拟合中的关键点在拟合中非常重要，特征点决定了拟合曲线的质量和准确度，一般关键点都为极值点或趋势转折点。极值点及趋势转折点的求取规则如图 5.12 所示，不满足以下规则的点忽略不计：

(1) 若 $V_{i-1} \leqslant V_i$ 且 $V_i \geqslant V_{i+1}$，则该点为极大值点或者转折点；

(2) 若 $V_{i-1} \leqslant V_i$ 且 $V_i > V_{i+1}$，则该点为极大值点转折点；

(3) 若 $V_{i-1} > V_i$ 且 $V_i \leqslant V_{i+1}$，则该点为极小值点或者转折点；

(4) 若 $V_{i-1} \geqslant V_i$ 且 $V_i < V_{i+1}$，则该点为极小值点转折点。

计算完成后得到由一个极值点及转折点组成的序列 $P = \{P_1, P_2, \cdots, P_i, \cdots, P_m\}$，其中 $P_i = (t_{pi}, v_{pi})$ 表示在时刻 (t_{pi}, v_{pi}) 的一个极大值或者一个转折点。

(a) 极值点　　　　　　　　　　(b) 趋势转折点

图 5.12　极值点及趋势转折点示意图

5.4.3　信号的相似性辨别仿真

在开始相似性辨别仿真之前，有必要介绍一下本节中干扰物查找的思路。各种管道检测方法的干扰物查找流程是大体相同的，完成现场检测后，将管道检测曲线在图纸或计算机屏幕上呈现，之后有经验的检测人员根据曲线的幅值、形态、位置等信息进行初步判断，再进行佐证。

虽然人工查找的思路和机器编程的思路不同，但是人工查找的有些工作流程还是可以借鉴的。此处仿真的思路是首先找到某种异常检测信号的样本点，以某正弦信号检测数据样本点为例，这些样本点根据式(5.16)获得：

$$y = \sin\left(\frac{\pi x}{100}\right) \tag{5.16}$$

数据点之间的时间间隔为某一固定值，样本数据点为 200 个，样本数据曲线如图 5.13 所示。

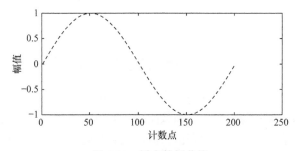

图 5.13　样本数据曲线

　　然后，根据式(5.17)绘制模拟数据曲线，该曲线中包含与样本点相似的曲线片段，且在曲线中加入随机量，则可以用欧几里得距离测量方法及相关性测量方法分别评价其相似性：

$$y = \begin{cases} 2\sin\left(\dfrac{\pi x}{200}\right) + \mathrm{rand}(1,400), & 0 \leqslant x < 400 \\[3mm] \sin\left(\dfrac{\pi(x-400)}{100}\right) + \mathrm{rand}(1,200), & 400 \leqslant x < 600 \\[3mm] 2\sin\left(\dfrac{\pi(x-600)}{200}\right) + \mathrm{rand}(1,400), & 600 \leqslant x \leqslant 1000 \end{cases} \quad (5.17)$$

　　根据式(5.17)绘制模拟数据曲线，如图5.14所示，该曲线的数据点为1000个。

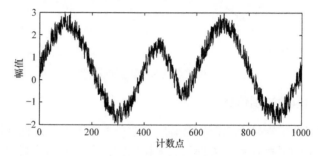

图5.14　模拟数据曲线

　　模拟所生成的样本数据与模拟检测数据的数据点可控制为相同间隔，因此不需要进行DTW计算。

　　根据式(5.13)计算得到欧几里得距离曲线，如图 5.15 所示。在图中，横坐标第140点、第400点、第748点三处存在欧几里得距离曲线的极小值，说明在这三个位置，用欧几里得方法计算出的曲线相似度最高。

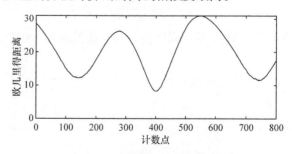

图5.15　欧几里得距离曲线

　　最后根据式(5.14)计算得到相关系数曲线，如图5.16所示。曲线在横坐标第106点、第400点、第707点三处存在极大值，说明在这三个位置，用相关性测量方法计算出的曲线相似度最高。

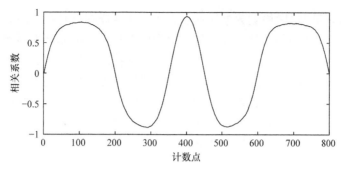

图 5.16　相关系数曲线

一般地，对于随机信号，很难用单一方法有效地判断两条曲线的相似性，因此本节采用两种方法相结合的方式，即把欧几里得距离测量与相关性测量相结合进行判断。在欧几里得距离曲线中极小值位置是可能的曲线相似位置，而在相关系数曲线中极大值是可能的曲线相似位置。采用取极值位置的方法，这两种方法各自测得的疑似相似位置如表 5.3 和表 5.4 所示。

表 5.3　欧几里得距离测量方法判断的疑似相似位置

曲线极小值位置	第 140 点	第 400 点	第 748 点
欧几里得距离数值	12.3	8.3	11.5

表 5.4　相关性测量方法判断的疑似相似位置

曲线极大值位置	第 106 点	第 400 点	第 707 点
相关系数	0.84	0.93	0.82

欧几里得距离测量方法的评价中，疑似区域位于横坐标第 140 点、第 400 点、第 748 点的位置，且都是距离的极小值点。相关性测量方法的评价中，疑似区域同样位于横坐标第 106 点、第 400 点、第 707 点的位置，且都是相关系数的极大值点。进一步比较可知，在第 400 点处欧几里得距离最小，且相关性最大。另外，欧几里得距离的极小值与相关系数曲线的极大值不重合的位置，曲线相似的可能性都会降低。

一般无法仅仅通过数值判断何处为相似区域，在检测中需根据实际情况对欧几里得距离及相关系数分别设置阈值，当相似度计算结果满足两种方法的阈值时，判断该处曲线相似。

5.4.4　检测干扰信号的相似性计算

实际数据曲线相似性计算的思路依然是首先找到某种异常检测信号的样本点，然后在此数据曲线中查找样本点的相似曲线，作为检测干扰信号的初步判断。在此次实例中，以某固定墩检测数据样本点为例，这些样本点是在某段时间检测的，数据点之间的时间间隔为某一固定值。因为城市热力管道非开挖检测系统的数据采样频率是可控的，所以能够将样本数据与实际检测数据调整到同频率、同尺寸的状态。以实际检测信号的起点为相似性计算样本点采样的起点，固定墩样本数据的起始与终点之间的理论间隔是 3m，实际检测曲线调整为与样本数据同频的状态。查找思路是将数据导入计算机中，因为样本数据长度是 3m，所以在实际检测数据中每隔 3m 取一段检测数据，将实际检测曲线以一定步长分段，与样本曲线进行对比计算。

　　样本是相似性计算的基础数据，根据若干现场数据综合而得到的某样本如图 5.17 所示。该样本为城市热力管道中固定墩的信号异常特征，异常信号磁感应强度值在 85000nT 上下波动，样本数据的磁感应强度范围为 72000～99000nT。

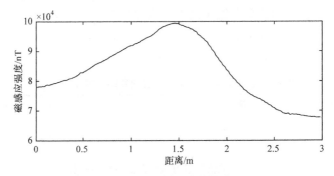

图 5.17　固定墩样本数据曲线

　　欧几里得测量方法要求被比较序列必须有相同的长度。将检测数据中第一组与样本数据等长的数据段进行相似度计算，所得结果为 n_1；将数据段以一定步距向后平移，计算相似度结果 n_i ($i=1,2,\cdots,k$)，将所有的相似度 n 进行统计记录。对所得到的欧几里得距离曲线取极小值，将极小值处的 n 与设定的阈值作比较，若此时 $n<\varepsilon$，则认定为疑似相似。这种方案不需要采用 DTW 计算方法，本系统能够在软件中做好样本数据点与检测数据点的对齐。

　　图 5.18 和图 5.19 分别为某段热力管道的现场记录与现场检测数据结果，检测距离为 50m。

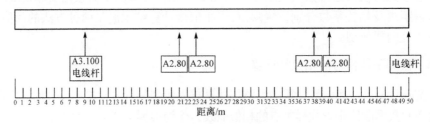

图 5.18　某段热力管道现场记录

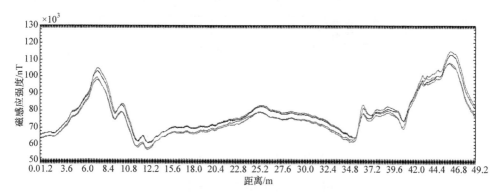

图 5.19 某段热力管道现场检测数据

根据 5.4.3 节介绍的算法,计算样本信号与现场检测数据之间的欧几里得距离,结果如图 5.20 所示。

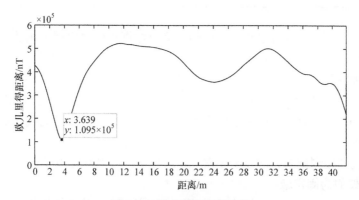

图 5.20 欧几里得距离曲线

计算欧几里得距离用以分析时间序列之间的相似性关系,通过寻找欧几里得距离曲线中的极值点来找到序列最相似的匹配位置,如表 5.5 所示。

表 5.5 欧几里得距离曲线极小值点

极小值点位置/m	3.64	24.14	39.00	41.89
欧几里得距离/nT	1.095×10^5	3.567×10^5	3.49×10^5	2.198×10^5

对比图 5.20 及表 5.5,可以确定表 5.5 中四个位置曲线的相似度最高,但还需利用相关系数进行进一步验证。

计算曲线与样本的相关系数,所得相关系数曲线如图 5.21 所示,其极大值点的位置如表 5.6 所示。

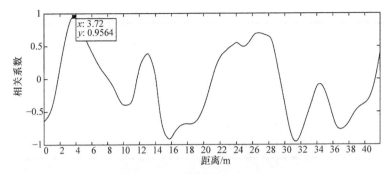

图 5.21　热力管道相关系数曲线

表 5.6　相关系数曲线极大值点

极大值点位置/m	3.72	13.02	24.02	26.83	34.37	41.89
相关系数	0.9564	0.3855	0.555	0.6997	−0.07793	0.3985

从图 5.21 及表 5.6 可以看出，曲线在多个数据点位置出现了相关系数点的极值点，根据相关性测量方法初步判定为埋地管道固定墩怀疑区域。

进一步判断，表中有某处极值点的相关系数出现了负值，可将该点剔除。在表 5.5 及表 5.6 中最后一个极值点为曲线的终点，无法判定为固定墩曲线，将其剔除。在表 5.6 中，13.02m 位置处的极大值点相关系数不足 0.5，曲线相似性较低，也可以剔除。

结合现场检测记录、表 5.5 及表 5.6 的结果，可以判定该段管线在 3.72m 及 24.02m 处疑似为固定墩。

由于以上结果都是可以量化的，所以能够根据自动筛选结果将可能的管道干扰物挑选出来，通过操作人员再次确认，最终确定疑似干扰物。

从该实例能够看出，相似度分析的方法可以将几十米内检测曲线中的疑似干扰物信息转化为几个固定位置的曲线进行判断，能够大大降低检测人员进行人工判断的劳动强度。

5.4.5　管道典型附件的弱磁检测信号分析

城市热力管道中存在诸多地上及地下的干扰附件，如地面上的市政井盖、电缆井盖，管道上方且位于地面以下的钢筋盖板，地面下的补偿器、固定墩、三通、上交叉管、下交叉管和阀门等。因此，需要了解这些附件的弱磁信号特点，便于智能化地鉴别管道干扰附件。

1) 钢筋盖板

钢筋盖板即钢筋混凝土板，是用钢筋混凝土材料制成的板，是房屋建筑和各种工程结构中的基本结构或附件，在这里用于基础、地坪、路面等的承重，起到保护热力管道的作用。钢筋盖板按平面形状分为方板、圆板和异形板，板的厚度应满足强度和刚度的要求。

钢筋的配置数量与混凝土附件受力有很大关系。需要先计算受力大小，然后按照国家颁布的规程确定钢筋数量。一般的钢筋盖板如图 5.22(a) 所示，它的磁感应检测图形如图 5.22(b) 和(c)所示，由于内部放置钢筋的直径及数量不同，磁感应强度幅值有所不同，一般在 24000nT 左右。

(a) 钢筋盖板实物图　　　　(b) 钢筋盖板磁感应检测图形1　　(c) 钢筋盖板磁感应检测图形2

图 5.22　钢筋盖板

2) 市政井盖

市政井盖主要用于遮盖道路或深井，防止人或者物体坠落。按材质可分为金属井盖、高强度纤维混凝土井盖、树脂井盖等。一般为圆形，在城市中大多为金属井盖，如图 5.23(a) 所示。市政井盖的磁感应检测图形如图 5.23(b) 所示，磁感应强度幅值一般在 17000nT 左右。

 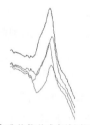

(a) 市政井盖实物图　　　　　(b) 市政井盖磁感应检测图形

图 5.23　市政井盖

3) 电缆井盖

电缆井盖的材料必须是球墨铸铁的，它是一种铁、碳、硅的合金。其中，碳以球状游离石墨存在，使其坚韧，强度更高。公路上用的电缆井盖要求是双层的。电缆井盖主要用于电力系统、通信系统，打开后即可进入放电缆的地下管，如图 5.24(a) 所示。电缆井盖的磁感应检测图形如图 5.24(b) 所示，磁感应强度幅值一般在 12000nT 左右。

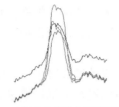

(a) 电缆井盖实物图　　　　　　　(b) 电缆井盖磁感应检测图形

图 5.24　电缆井盖

4) 直埋补偿器

直埋补偿器主要用于直埋管线的轴向补偿，具有抗弯能力，可不考虑管道下沉的影响，具有补偿量大、寿命长的特点，其外形如图 5.25(a) 所示。直埋补偿器的磁感应检测图形如图 5.25(b) 所示，磁感应强度幅值一般在 8000nT 左右。

(a) 直埋补偿器实物图　　　　　　(b) 直埋补偿器磁感应检测图形

图 5.25　直埋补偿器

5) 固定墩

固定墩又称管道支墩，是管道的支撑结构，需要根据管道的运行性能和布置来确定管道支墩的位置。固定墩主要承受管道的水平推力，同时作用于固定墩上的水平外力还有主动土压力、被动土压力、固定墩与土的摩擦力，垂直外力有管道自重及管道内介质的重量、固定墩及固定墩上土的重量。固定墩的受力动辄几十吨。固定墩的大致外形如图 5.26(a) 所示，其磁感应检测图形如图 5.26(b) 所示，磁感应强度幅值一般在 8000nT 左右。

(a) 固定墩实物图　　　　　　　(b) 固定墩磁感应检测图形

图 5.26　固定墩

6) 三通

三通又称管件三通或者三通管件、三通接头等，主要用于改变流体方向，用在主管道与分支管连接处。一般用碳钢、铸钢、合金钢、不锈钢等材质制作。三通的外形如图 5.27(a) 所示，其磁感应检测图形如图 5.27(b) 所示，磁感应强度幅值一般在 18000nT 左右。

(a) 三通实物图　　　　　　　　　　　(b) 三通磁感应检测图形

图 5.27　三通

7) 交叉管

管道交叉，顾名思义就是在埋地热力管道的交叉方向存在金属管道。上交叉管是指其他管道在热力管道的上方，其他管道距离磁传感器更近，引起的磁异常也更大，实物图如图 5.28(a) 所示。上交叉管的磁感应检测图形如图 5.28(b) 所示，磁感应强度幅值一般在 16000nT 左右。

(a) 上交叉管实物图　　　　　　　　　(b) 上交叉管磁感应检测图形

图 5.28　上交叉管

下交叉管是指其他管道在热力管道的下方，其他管道距离磁传感器较远，因此产生的磁感应检测图形如图 5.29 所示，磁感应强度幅值一般在 8000nT 左右。

8) 阀门

阀门是用来开闭管路、控制流向、调节和控制输送介质参数(温度、压力和流量)的管道附件，根据其功能，可分为关断阀、止回阀、调节阀等。阀门的外形如图 5.30(a) 所示，其磁感应检测图形如图 5.30(b) 所示，磁感应强度幅值一般在15000nT 左右。

图 5.29　下交叉管磁感应检测图形

　　(a) 阀门实物图　　　　　　　(b) 阀门磁感应检测图形

图 5.30　阀门

5.5　本 章 小 结

　　城市热力管道检测信号的处理技术具有一定的通用性，无论在腐蚀检测仪器还是在泄漏检测仪器中都能够得到应用，对去除干扰、判断损伤有着很重要的作用。本章首先介绍了城市热力管道损伤信号的判断原理；然后从信号噪声的抑制、缺陷信号的识别、缺陷的定量分析三个方面详细描述了损伤信号的分析过程，根据无损检测的基本原理设计了管道损伤缺陷的标定方法；最后分析了利用相似度理论查找管道异常干扰信号的算法，并进行了仿真分析及实际检测数据的分析测试。

参 考 文 献

[1] 康宜华, 武新军, 杨叔子. 磁性无损检测技术中的信号处理技术[J]. 无损检测, 2000, 22(6): 255-259.

[2] 张学孚, 怡良. 磁通门技术[M]. 北京: 国防工业出版社, 1995.

[3] 庄楚强, 吴亚森. 应用数理统计基础[M]. 广州: 华南理工大学出版社, 2000.

[4] 王家礼, 朱满座, 路宏敏. 电磁场与电磁波[M]. 3 版. 西安: 西安电子科技大学出版社, 2009.

[5] 徐伟津. 发动机涡轮盘微磁检测技术研究[D]. 南昌: 南昌航空大学, 2014.

[6] 饶晓龙. 埋地金属管道被动式弱磁检测技术研究[D]. 南昌: 南昌航空大学, 2016.

[7] 孟妮娜. 尺度变换中空间关系相似性的计算与评价[D]. 武汉: 武汉大学, 2011.

[8] 高兴. 基于特征信息的测井曲线相似度算法研究与应用[D]. 大庆: 东北石油大学, 2013.

[9] 臧铁飞, 沈庭芝, 陈建军, 等. 改进的 Hausdorff 距离和遗传算法在图像匹配中的应用[J]. 北京理工大学学报, 2000, 20(6): 733-737.

[10] 李英明, 李旭健. 两条参数曲线间的 Hausdorff 距离的研究[J]. 华中师范大学学报(自科版), 2012, 46(3): 270-274.

[11] 赵莉丽. 基于局部水平集和非局部 MRF 的 SAR 图像分割方法[D]. 成都: 西南交通大学, 2014.

[12] Alt H, Godau M. Computing the Fréchet distance between two polygonal curves[J]. International Journal of Computational Geometry & Applications, 1995, 5(1-2): 75-91.

[13] 朱洁. 一种新的曲线相似性判别方法研究[D]. 武汉: 武汉理工大学, 2008.

[14] 杜奕. 时间序列挖掘相关算法研究及应用[D]. 合肥: 中国科学技术大学, 2007.

[15] 唐进君, 曹凯. 一种自适应轨迹曲线地图匹配算法[J]. 测绘学报, 2008, 37(3): 308-315.

[16] 周生奇, 周雒维, 孙鹏菊. 基于曲线离散 Fréchet 距离的风电并网变流器中 IGBT 模块缺陷诊断方法[J]. 电力自动化设备, 2013, 33(2): 8-13.

[17] 张军. 基于时间序列相似性的数据挖掘方法研究[D]. 南京: 东南大学, 2006.

[18] 熊蕊. 基于相似性的压电陶瓷执行器迟滞建模、补偿控制及分岔分析[D]. 北京: 北京理工大学, 2016.

[19] 江浩. 面向相似性的时间序列表示与搜索方法研究[D]. 武汉: 华中科技大学, 2004.

[20] Agrawal R, Faloutsos C, Swami A. Efficient similarity search in sequence databases[C]. International Conference on Foundations of Data Organization & Algorithms, Chicago, 1993: 69-84.

[21] Korn F, Sidiropoulos N, Faloutsos C, et al. Fast nearest neighbor search in medical image databases[C]. International Conference on Very Large Data Bases, Mumbai, 1996: 215-226.

[22] 喻高瞻, 彭宏, 胡劲松, 等. 时间序列数据的分段线性表示[J]. 计算机应用与软件, 2007, 24(12): 17-18.

[23] 周黔, 吴铁军. 基于重要点的时间序列趋势特征提取方法[J]. 浙江大学学报(工学版), 2007, 41(11): 1782-1787.

第 6 章　室内管道检测实验

本章针对管道腐蚀、裂纹、对接焊缝等，设计室内管道检测实验，验证城市热力管道腐蚀检测系统在不同提离条件下的管道缺陷检测能力[1,2]。

6.1　腐蚀检测实验

1. 实验试件

选择不含自然缺陷的管道半管试件，在其管道内部加工人工缺陷，在半管试件上制作管道均匀减薄模拟腐蚀缺陷。半管试件腐蚀坑类缺陷定量的参数如表 6.1 所示，缺陷位置如图 6.1 所示，实物图如图 6.2 所示。

表 6.1　半管试件腐蚀坑类缺陷定量参数表

缺陷编号	A	B	C
缺陷尺寸(长×宽×深)	95mm×110mm×0.92mm	95mm×110mm×1.36mm	100mm×110mm×3.27mm

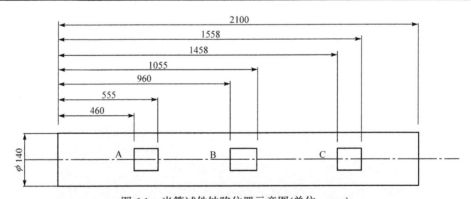

图 6.1　半管试件缺陷位置示意图(单位：mm)

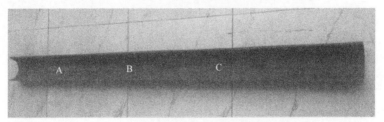

图 6.2　腐蚀坑类缺陷半管试件实物图

2. 实验步骤

把预制了人工缺陷的半管试件置于稳定的地磁场环境中，采用城市热力管道腐蚀检测系统进行检测。检测时把被检测管道放置稳定，将传感器提离一定高度放置，用于放置传感器的支架不能存在铁磁性材料。为方便实验，选择全铝合金制作的伸缩梯作为放置传感器的支架。检测时推动伸缩梯从测试管道的一端移动到另一端，如图 6.3 所示。应保证传感器在被检测管道正上方运动，并在软件中利用移动平均的方法消去传感器检测数据中地磁场的影响部分，使得磁感应强度幅值的变化能够直观地反映管道的缺陷状况。

图 6.3　实验室现场检测

如果被检测管道所处的环境中存在除地磁场以外的其他磁源干扰，则应尽可能将其排除。测试前为了确定传感器的稳定性，需要静置传感器，若仪器测得的磁感应强度幅值变化值小于 20nT，则说明周围磁场环境稳定，否则说明周围磁场环境不合格，实验无法进行。检测时应尽可能使伸缩梯稳定行进，以免因传感器的振动而产生较大的干扰信号，以此提升后续信号分析的准确性[3]。

3. 实验结果分析

为了模拟埋地金属管道检测状态，实验设置了三个提离高度来模拟金属管道埋深，分别为 1250mm、1500mm 和 1800mm。

提离高度为 1250mm 时的半管试件检测结果如图 6.4 所示。分析图 6.4 可知，提离高度为 1250mm 时，检测初期所得的信号相对平稳，磁感应强度幅值变化范围在−354.0～354.5nT；在半管试件 400～600mm 处磁感应强度幅值相比于前一区域开始有明显的异常状况，变化范围在−766.4～769.8nT；之后，磁感应强度幅值

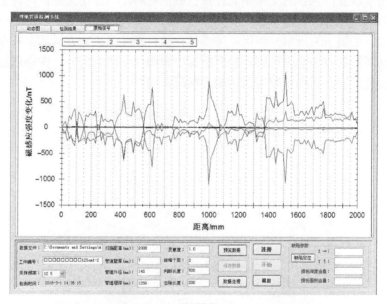

(a) 检测曲线

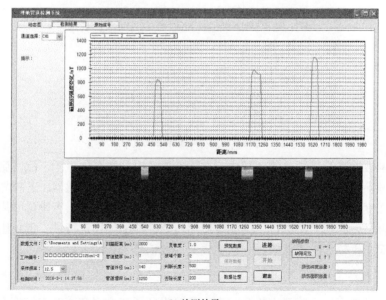

(b) 检测结果

图 6.4　腐蚀坑缺陷半管试件检测(提离 1250mm)

再次变小，变化范围在-333.6～211.2nT；在半管试件 950～1050mm 处磁感应强度幅值与之前相比再次发生明显增大，变化范围在-1097.2～900.8nT；之后，磁感应强度幅值变化再次变小，变化范围在-321.8～323.1nT；在半管试件 1450～1550mm 处磁感应强度幅值与之前相比再次发生明显增大，变化范围在-1068.4～1070.1nT；此后，磁感应强度幅值又变小，变化范围在-503.8～507.4nT。由此，原始信号在半管试件 400～600mm、950～1050mm 和 1450～1550mm 处相比于其他区域存在明显的磁异常信号，这与软件给出的最终检测结果显示相符合。由于在检测过程中，作为支架的伸缩梯是由人工推动的，整个过程中前进速度无法保证完全一致，所以最终的检测结果显示与半管预制缺陷实际位置存在少许误差。

提离高度为 1500mm 时的半管试件检测结果如图 6.5 所示。分析图 6.5 可知，提离高度为 1500mm 时，检测初期所得的信号相对平稳，磁感应强度幅值变化范围在-296.3～296.0nT；在半管试件 400～550mm 处磁感应强度幅值相比于前一区域开始有明显的异常状况，变化范围在-399.0～597.4nT；之后，磁感应强度幅值再次变小，变化范围在-254.7～230.6nT；在半管试件 850～950mm 处磁感应强度幅值与之前相比再次发生明显增大，变化范围在-650.7～652.2nT；之后，磁感应强度幅值变化再次变小，变化范围在-297.2～299.6nT；在半管试件 1500～1600mm 处磁感应强度幅值与之前相比再次发生明显异常，变化范围在-745.7～747.1nT；此后，磁感应强度幅值变化又变得相对较小，变化范围在-307.1～313.4nT。由此，原始信号在半管试件 400～550mm、850～950mm 和 1500～1600mm 处相比于其他区域存在明显的磁异常信号，这与软件给出的最终检测结果显示相符合。

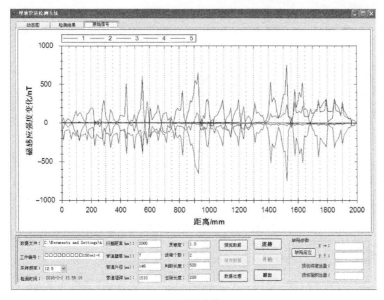

(a) 检测曲线

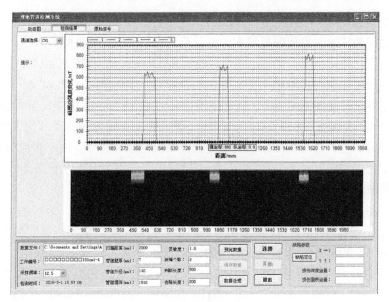

(b) 检测结果

图 6.5　腐蚀坑缺陷半管试件检测(提离 1500mm)

　　提离高度为 1800mm 时的半管试件检测结果如图 6.6 所示。分析图 6.6 可知，提离高度为 1800mm 时，检测初期所得的信号相对平稳，磁感应强度幅值变化范围在 −230.0～233.4nT；在半管试件 400～500mm 处磁感应强度幅值相比于前一区域开始

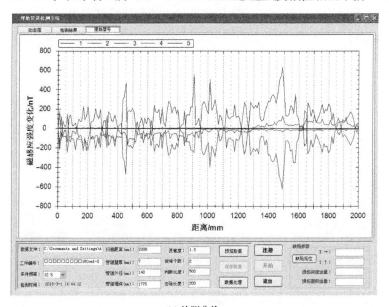

(a) 检测曲线

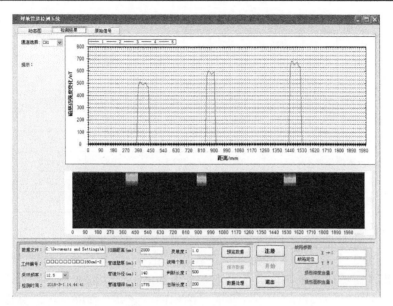

(b) 检测结果

图 6.6　腐蚀坑缺陷半管试件检测(提离 1800mm)

有明显的异常状况，磁感应强度幅值变化范围在–468.0～468.0nT；之后，磁感应强度幅值变化再次相对稳定，变化范围在–279.5～277.1nT；在半管试件 900～1000mm 处磁感应强度幅值与之前相比再次发生明显异常，变化范围在–401.8～551.4nT；之后，磁感应强度幅值变化再次变小，变化范围在–265.5～269.5nT；在半管试件 1450～1550mm 处磁感应强度幅值与之前相比再次发生明显增大，变化范围在 –624.4～624.8nT；此后，磁感应强度幅值变化再次变得相对较小，变化范围在 –253.0～253.5nT。由此，原始信号在半管试件 400～500mm、900～1000mm 和 1450～ 1550mm 处相比于其他区域存在明显的磁异常信号，这与软件给出的最终检测结果显示相符合。

在 3 个不同提离高度下对被检测管道进行多次测试(书中列出 3 次)，得到的检测数据统计如表 6.2 所示。表 6.2 内的测试数据通过 MATLAB 软件拟合可得到如图 6.7 所示的结果。

表 6.2　不同提离高度下腐蚀坑缺陷半管试件的测试数据

提离高度 /mm	实验序号	缺陷 A		缺陷 B		缺陷 C	
		磁感应强度 幅值/nT	腐蚀深度 /mm	磁感应强度 幅值/nT	腐蚀深度 /mm	磁感应强度 幅值/nT	腐蚀深度 /mm
1250	第一次	841.8	0.90	986.3	1.34	1171.6	3.25
	第二次	836.8	0.92	954.3	1.35	1150.5	3.25
	第三次	850.4	0.96	964.5	1.36	1190.4	3.27

续表

提离高度 /mm	实验序号	缺陷 A		缺陷 B		缺陷 C	
		磁感应强度幅值/nT	腐蚀深度/mm	磁感应强度幅值/nT	腐蚀深度/mm	磁感应强度幅值/nT	腐蚀深度/mm
1500	第一次	633.2	0.93	706.5	1.33	991.9	3.29
	第二次	624.2	0.89	714.6	1.35	1006.6	3.29
	第三次	640.9	0.92	698.5	1.33	1021.3	3.30
1800	第一次	494.4	0.93	582.5	1.38	859.8	3.26
	第二次	474.5	0.95	592.8	1.38	839.9	3.27
	第三次	504.3	0.89	590.5	1.37	870.5	3.28

注：腐蚀深度为通过式(5.7)计算得到的腐蚀深度。

由上述 3 个不同提离高度的检测结果可知，当提离高度改变时，管道完好处所测得的磁感应强度幅值变化会随着提离高度的增大而变小，在管道腐蚀区域所测得的磁感应强度幅值也存在明显的不同。此外，在同一提离高度下腐蚀深度发生变化时，所测得的磁感应强度幅值也有明显的不同。如图 6.7 所示，提离高度在 1250mm、1500mm 和 1800mm 时，磁感应强度幅值和腐蚀深度之间满足一定的指数关系。通过 MATLAB 软件拟合表 6.2 的数据可得出提离高度在 1250～1800mm 范围内提离高度、磁感应强度幅值和腐蚀深度三者之间的关系，如图 6.8 所示。

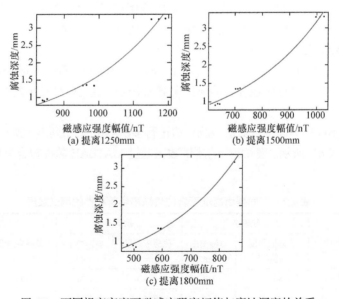

图 6.7　不同提离高度下磁感应强度幅值与腐蚀深度的关系

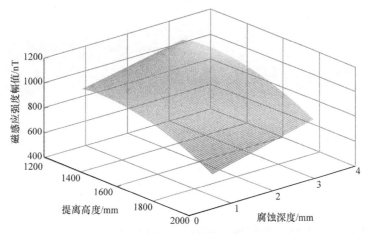

图 6.8　腐蚀坑类半管试件不同提离高度检测数据三维图

6.2　裂纹检测实验

1. 实验试件

同管道腐蚀检测实验一样,本节选择不含自然缺陷的半管试件加工人工缺陷,在半管试件上制作刻槽类缺陷以模拟管道裂纹。半管试件刻槽类缺陷的定量参数如表 6.3 所示, 缺陷位置如图 6.9 所示,实物图如图 6.10 所示。

表 6.3　半管试件刻槽类缺陷定量参数表

缺陷编号	A	B	C
缺陷尺寸(长×宽×深)	120mm×5mm×0.8mm	120mm×5mm×1.2mm	120mm×5mm×3.0mm

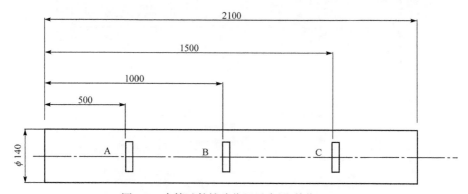

图 6.9　半管试件缺陷位置示意图(单位: mm)

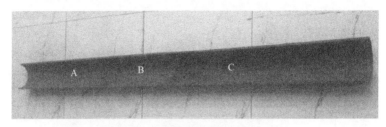

图 6.10　刻槽类缺陷半管试件实物图

2. 实验结果分析

管道裂纹检测实验的步骤与管道腐蚀检测实验相同。本节设置了三个提离高度来模拟金属管道埋深，分别为 1800mm、1500mm 和 1250mm。

提离高度为 1800mm 时刻槽类缺陷半管试件的检测结果如图 6.11 所示。分析图 6.11 可知，提离高度为 1800mm 时，检测初期所得的信号相对平稳，磁感应强度幅值变化范围在 -377.9～284.0nT；在半管试件 400mm 左右处磁感应强度幅值相比于前一区域开始有明显的异常状况，变化范围在 -580.0～580.0nT；之后，磁感应强度幅值变化相对较小，变化范围在 -353.2～288.7nT；在半管试件 900mm 左右处磁感应强度幅值与之前相比再次发生明显增大，变化范围在 -791.1～791.9nT；之后，磁感应强度幅值变化再次变小，变化范围在 -582.5～584.1nT；在半管试件 1500mm 左右处磁感应强度幅值与之前相比再次发生明显增大，变化范围在 -906.9～908.6nT；此后，磁感应强度幅值变化再次变小，变化范围在 -397.9～465.2nT。由此，原始信号

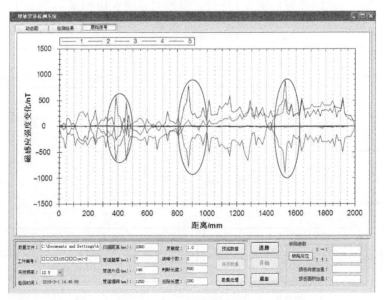

(a) 检测曲线

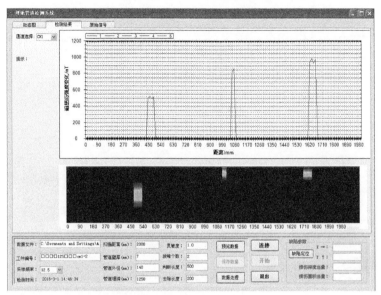

(b) 检测结果

图 6.11 刻槽类缺陷半管试件检测(提离 1800mm)

在半管试件 400mm、900mm 和 1500mm 左右处相比于其他区域存在明显的磁异常信号,这与软件给出的最终检测结果显示相符合。

提离高度为 1500mm 时刻槽类缺陷半管试件的检测结果如图 6.12 所示。分析

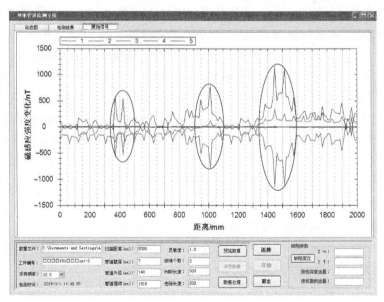

(a) 检测曲线

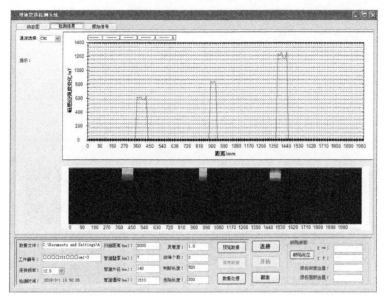

(b) 检测结果

图 6.12　刻槽类缺陷半管试件检测(提离 1500mm)

图 6.12 可知，提离高度为 1500mm 时，检测初期所得的信号相对平稳，磁感应强度幅值变化范围在−301.2～171.9nT；在半管试件 400mm 左右处磁感应强度幅值相比于前一区域开始有明显的异常状况，变化范围在−571.4～571.9nT；之后，磁感应强度幅值变化相对较小，变化范围在−316.3～291.3nT；在半管试件 1000mm 左右处磁感应强度幅值与之前相比再次发生明显异常，变化范围在−785.4～786.4nT；之后，磁感应强度幅值变化再次变小，变化范围在−330.0～171.9nT；在半管试件 1500mm 左右处磁感应强度幅值与之前相比再次增大，变化范围在−1152.6～1158.3nT；此后，磁感应强度幅值变化再次变小，变化范围在−391.8～396.6nT。由此，原始信号在半管试件 400mm、1000mm 和 1500mm 左右处相比于其他区域存在明显的磁异常信号，这与软件给出的最终检测结果显示相符合。

　　提离高度为 1250mm 时刻槽类缺陷半管试件的检测结果如图 6.13 所示。分析图 6.13 可知，提离高度为 1250mm 时，检测初期所得的信号相对平稳，磁感应强度幅值变化范围在−366.2～365.7nT；在半管试件 400mm 左右处磁感应强度幅值相比于前一区域开始有明显的异常状况，变化范围在−679.6～681.3nT；之后，磁感应强度幅值变化变小，变化范围在−246.4～250.5nT；在半管试件 1100mm 左右处磁感应强度幅值与之前相比再次增大，变化范围在−1065.6～1068.7nT；之后，磁感应强度幅值变化再次变小，变化范围在−422.2～421.4nT；在半管试件 1500mm 左右处磁感应强度幅值与之前相比再次增大，变化范围在−1215.3～1221.4nT；此后，磁感应强度幅值变化再次变小，变化范围在–485.0～485.0nT。由此，原始信号在半管试件 400mm、1100mm 和 1500mm 左右处相比于其他区域存在明显的磁异常信号，这与软件给出的最终检测结果显示相符合。

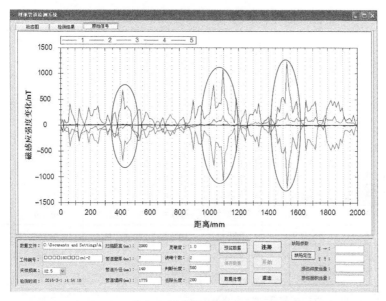

(a) 检测曲线

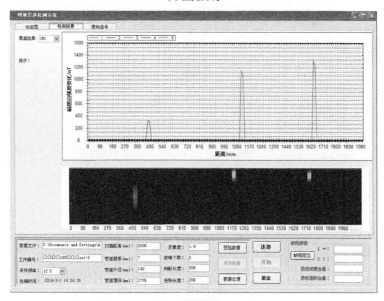

(b) 检测结果

图 6.13　刻槽类缺陷半管试件检测(提离 1250mm)

　　在 3 个不同提离高度下对被检测管道进行多次测试(书中列出 3 次)，得到的检测数据统计如表 6.4 所示。表 6.4 内的测试数据通过 MATLAB 软件拟合可得到如图 6.14 所示的结果。

表 6.4　不同提离高度下刻槽类缺陷半管试件的测试数据

提离高度/mm	实验序号	缺陷 A		缺陷 B		缺陷 C	
		磁感应强度幅值/nT	腐蚀深度/mm	磁感应强度幅值/nT	腐蚀深度/mm	磁感应强度幅值/nT	腐蚀深度/mm
1250	第一次	519.6	0.78	831.5	1.12	1281.9	3.02
	第二次	528.4	0.75	841.3	1.10	1271.3	3.00
	第三次	507.6	0.79	850.5	1.09	1288.4	2.98
1500	第一次	397.4	0.76	623.3	1.15	1027.0	3.00
	第二次	390.5	0.78	620.4	1.16	1047.0	3.01
	第三次	387.9	0.74	643.3	1.10	1017.0	2.99
1800	第一次	215.7	0.80	527.4	1.16	886.8	2.98
	第二次	205.9	0.79	537.0	1.14	896.4	3.01
	第三次	214.1	0.83	529.4	1.13	876.8	2.99

注：腐蚀深度为通过式(5.7)计算得到的腐蚀深度。

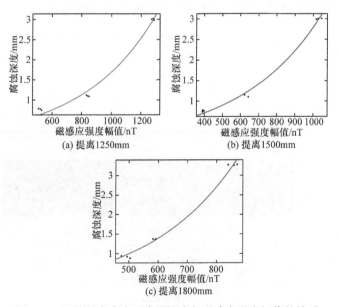

(a) 提离1250mm　　　　(b) 提离1500mm

(c) 提离1800mm

图 6.14　不同提离高度下腐蚀深度与磁感应强度幅值的关系

　　由上述 3 个不同提离高度的检测结果可知，当提离高度改变时，管道完好处所测得的磁感应强度幅值会随提离高度的增大而减小，在刻槽位置所测得的磁感应强度幅值也会存在明显的不同。此外，在同一提离高度下刻槽深度发生变化时，所测得的信号强度也有明显的不同。如图 6.14 所示，提离高度在 1250mm、1500mm 和 1800mm 时，磁感应强度幅值和刻槽深度之间满足一定的指数关系。通过 MATLAB 软件拟合表 6.4 的数据可以得出提离高度在 1250～1800mm 范围内提离高度、磁感应强度幅值和刻槽深度三者之间的关系，如图 6.15 所示。

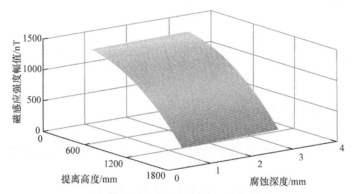

图 6.15　刻槽类半管测试不同提离高度检测数据三维图

6.3　对接焊缝检测实验

　　城市热力管道一般采用保温钢管，敷设以后会形成环焊缝，此处管道容易出现问题，因此有必要判断城市热力管道对接焊缝的位置。为了验证城市热力管道腐蚀检测系统对管道对接焊缝的检测效果，本节设计了管道对接焊缝检测实验。选取两根长度为 1500mm、内径为 113mm、壁厚为 10mm 的样管，进行对接焊接，用来模拟管道存在对接焊缝的状况，焊接完成后的管道如图 6.16 所示。

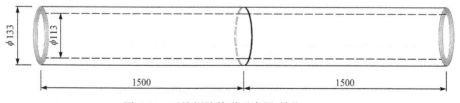

图 6.16　对接焊缝管道示意图(单位：mm)

　　检测步骤及方法与前面实验类似，检测系统中的参数设置如下：扫描长度为 3000mm，管道外径为 133mm，管道壁厚为 10mm，模拟管道埋深逐渐增加，其他参数为软件默认值。提离高度为 70cm 时，原始数据经 MATLAB 软件计算处理后，得到的检测曲线如图 6.17 所示，可以看出在管道 1500mm 左右的位置处存在异常，可判断该异常由管道中间的对接焊缝引起[4]。

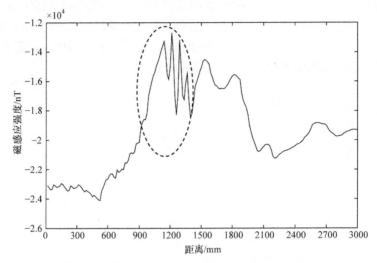

图 6.17　对接焊缝管道测量曲线

对接焊缝管道提离高度 70cm 时检测结果的成图效果如图 6.18 所示。从图中可以看出仅存在一处异常，异常所在的位置为 1320mm，而实际的焊缝位置应当在 1467～1533mm 处，检测结果与焊缝位置存在约 180mm 的偏差。

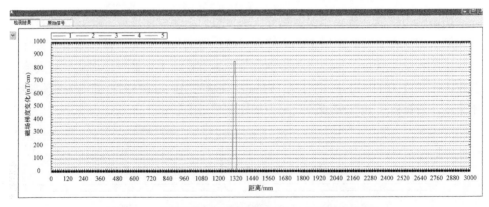

图 6.18　对接焊缝管道提离高度 70cm 时的检测结果

进行不同提离高度下的反复验证实验，模拟埋深依次为 22cm、40cm、55cm、70cm、84cm、94cm、107cm，管道检测中提离高度、磁场梯度变化值、缺陷位置三者的关系如表 6.5 所示。从表中可以明显看出，磁场梯度变化异常位置与实际

焊缝位置相差不超过200mm，相比被检测管道的长度相对较小。在用梯度法检测
埋地管道的过程中，管道焊缝位于中间位置，由于传感器是手动移动进行检测的，
起始点及移动速度都会存在一定的偏差，导致缺陷信号位置与管道实际的焊缝位
置有些许差异。

表6.5　管道检测中提离高度、磁场梯度变化值、缺陷位置三者的关系

提离高度/cm	异常中心位置/mm	磁场梯度变化值/(nT/cm)	实际缺陷位置/mm	缺陷异常位置与实际位置差/mm
22	1680	5600	1500	180
40	1680	2112	1500	180
55	1530	1300	1500	30
70	1320	1100	1500	180
84	1600	466	1500	100
94	1550	454	1500	50
107	1680	440	1500	180

　　用MATLAB软件绘制出不同提离高度下缺陷处的磁场梯度变化值曲线。以
提离高度为横坐标，焊缝处的磁场梯度变化值为纵坐标，利用MATLAB软件中
的Cftool工具进行指数函数拟合，结果如图6.19所示。曲线拟合满足的关系式为
$y = 1384\mathrm{e}^{-0.04231x}$ (x 的单位是cm，y 的单位是nT/cm)，其中方程的拟合系数达到
0.9715(拟合系数越接近1说明拟合的效果越好)。

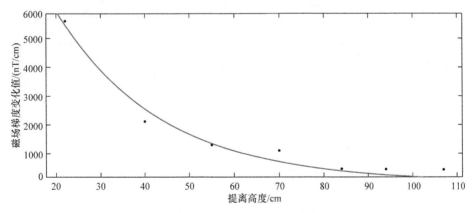

图6.19　管道缺陷处磁场梯度变化值与提离高度的关系

　　结合表6.5与图6.19可以看出管道焊缝处磁场梯度变化与提离高度的关系：
当提离高度较小时，磁场梯度变化值随着提离高度的增大变化较快，但提离高度

达到一定程度时磁场梯度变化值变化趋势开始变缓。

6.4 综合缺陷检测实验

6.1 节和 6.2 节介绍了带有腐蚀缺陷和带有裂纹缺陷的管道检测状况,本节将介绍管道既有裂纹缺陷又有腐蚀缺陷的检测状况。

1. 158B 管测试

管道编号为 158B,壁厚 5mm,管道本身无自然缺陷,人工缺陷制作情况如表 6.6 所示,其中第一处缺陷为环槽,第二至第五处缺陷分别为通孔、平底孔 1、平底孔 2 和平底孔 3,用金属损失量表示缺陷深度。人工缺陷位置示意图如图 6.20 所示。

表 6.6 人工缺陷制作情况

缺陷类型	环槽	通孔	平底孔 1	平底孔 2	平底孔 3
距左端位置及缺陷深度	位置 655mm	位置 880mm,100%损失量	位置 1185mm,50%损失量	位置 1480mm,30%损失量	位置 1850mm,10%损失量

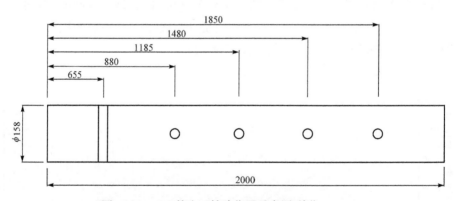

图 6.20 158B 管人工缺陷位置示意图(单位: mm)

管道综合缺陷检测实验的步骤与 6.1 节所述管道腐蚀检测实验相同。得到的检测结果如下:

当光标指向最左侧的异常点(第一处)时,在软件的右下方会显示光标所指处缺陷的位置与缺陷深度,如图 6.21 所示。由于采用的是孔定量的方式,所以得到的损伤深度当量与实际环槽深度有偏差,但考虑环槽的金属损失量,基本与该深度的孔相当。缺陷定位位置为 597mm，与实际位置 655mm 的误差为 58mm，由于检测起始位置很难精确定位及检测速度存在细微变化，此误差在允许范围之内。

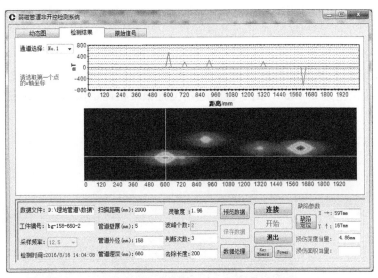

图 6.21　158B 管异常点(第一处)人工缺陷的检测结果

当光标指向通孔缺陷的成像位置时，该点的成像颜色较浅，如图 6.22 所示。利用孔型缺陷的计算方法可得，损伤深度当量为 4.77mm，与实际损伤深度 5mm

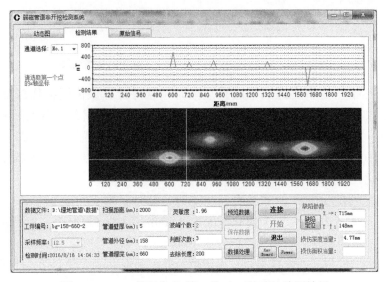

图 6.22　158B 管异常点(第二处)人工缺陷的检测结果

的误差为 0.23mm，符合实际情况，因为在无损检测标准中，腐蚀量超过 80%即可认为穿孔。缺陷定位位置为 715mm，与实际位置 880mm 的误差为 165mm，由于检测起始位置很难精确定位及检测速度存在细微变化，此误差在允许范围之内。

当光标指向 50%腐蚀的平底孔缺陷时，软件计算该缺陷的损伤深度当量为4.72mm，如图 6.23 所示。软件计算结果与实际缺陷腐蚀深度存在较大的误差，很可能是受到了某些随机误差的影响。缺陷定位位置为 901mm，与实际位置1185mm 的误差为 284mm，由于检测起始位置很难精确定位及检测速度存在细微变化，此误差在允许范围之内。

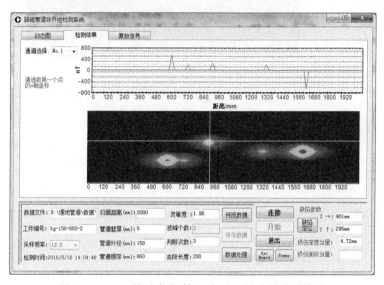

图 6.23　158B 管异常点(第三处)人工缺陷的检测结果

当光标指向 30%腐蚀的平底孔缺陷时，软件计算该位置损伤深度当量为1.77mm，如图 6.24 所示。实际孔深度为 1.5mm，软件计算结果与实际缺陷腐蚀深度存在一定的误差，但该误差在允许范围内。缺陷定位位置为 1285mm，与实际位置 1480mm 的误差为 195mm，由于检测起始位置很难精确定位及检测速度存在细微变化，此误差在允许范围之内。

当光标指向 10%腐蚀的平底孔缺陷时，软件计算该位置损伤深度当量为0.89mm，如图 6.25 所示。实际孔深度为 0.5mm，软件计算结果与实际缺陷腐蚀深度存在一定的误差。缺陷定位位置为 1584mm，与实际位置 1850mm 的误差为266mm，由于检测起始位置很难精确定位及检测速度存在细微变化，此误差在允许范围之内。

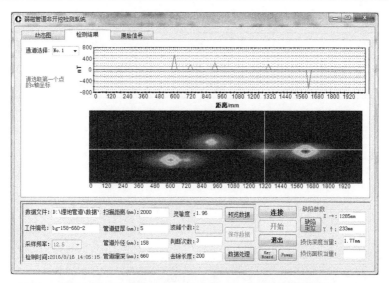

图 6.24　158B 管异常点(第四处)人工缺陷的检测结果

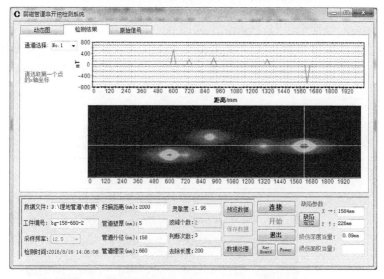

图 6.25　158B 管异常点(第五处)人工缺陷的检测结果

2. 89B 管测试

　　管道编号为 89B, 壁厚 5mm, 管道本身无自然缺陷, 人工缺陷制作情况如表 6.7 所示, 其中第一处缺陷为环槽, 第二至四处缺陷分别为通孔、平底孔 1、平底孔 2。 人工缺陷位置示意图如图 6.26 所示。

表 6.7　人工缺陷制作情况

缺陷类型	环槽	通孔	平底孔 1	平底孔 2
距左端位置及缺陷深度	位置 490mm	位置 740mm，100%损失量	位置 1030mm，30%损失量	位置 1330mm，10%损失量

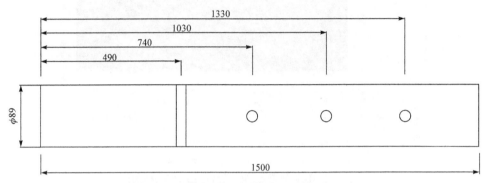

图 6.26　89B 管人工缺陷位置示意图(单位：mm)

当光标指向环槽缺陷时，检测结果如图 6.27 所示。由于采用以孔定量的方式，所以得到的损伤深度当量与实际环槽深度有偏差，但考虑环槽的金属量损失，基本与该深度的孔相当。缺陷定位位置为 446mm，与实际位置 490mm 的误差为

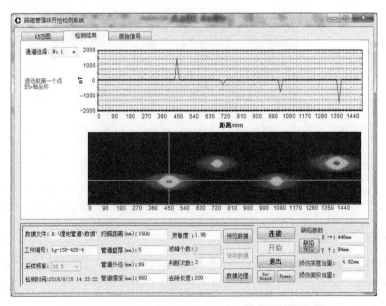

图 6.27　89B 管异常点(第一处)人工缺陷的检测结果

44mm，由于检测起始位置很难精确定位及检测速度存在细微变化，此误差在允许范围之内。

　　当光标指向通孔缺陷时，该位置损伤深度当量为 4.68mm，如图 6.28 所示。软件显示腐蚀量已超过壁厚的 80%，在无损检测标准中，腐蚀量超过 80% 即可认为穿孔。缺陷定位位置为 713mm，与实际位置 740mm 的误差为 27mm，由于检测起始位置很难精确定位及检测速度存在细微变化，此误差在允许范围之内。

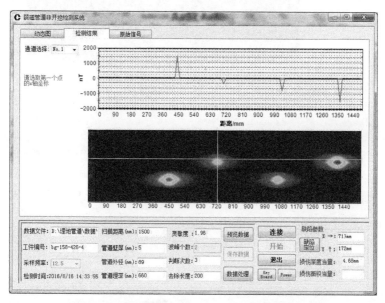

图 6.28　89B 管异常点(第二处)人工缺陷的检测结果

　　当光标指向 30% 腐蚀的平底孔缺陷时，软件计算该位置损伤深度当量为 1.39mm，如图 6.29 所示。实际孔深度为 1.5mm，软件计算结果与实际缺陷腐蚀深度存在一定的误差，但误差较小。缺陷定位位置为 1037mm，与实际位置 1030mm 的误差为 7mm，由于检测起始位置很难精确定位及检测速度存在细微变化，此误差在允许范围之内。

　　当光标指向 10% 腐蚀的平底孔缺陷时，该位置损伤深度当量为 0.63mm，如图 6.30 所示。实际孔深度为 0.5mm，软件计算结果与实际缺陷腐蚀深度存在一定当量的误差。缺陷定位位置为 1370mm，与实际位置 1330mm 的误差为 40mm，由于检测起始位置很难精确定位及检测速度存在细微变化，此误差在允许范围之内。

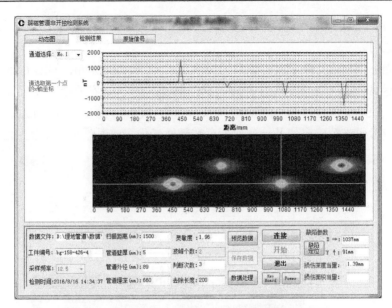

图 6.29　89B 管异常点(第三处)人工缺陷的检测结果

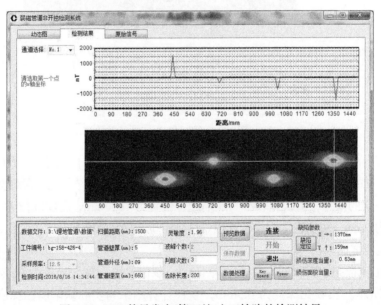

图 6.30　89B 管异常点(第四处)人工缺陷的检测结果

6.5　本 章 小 结

在进行实际工程检验前,需要在实验室内进行多组管道损伤检测实验,以总结管道损伤与弱磁信号的对应规律，构建管道弱磁检测信号数据库。本章主要介绍了在实验室进行的各类管道损伤实验的试件制作、实验步骤、实验现象及结果分析，以及管道腐蚀、裂纹、对接焊缝等检测信号分析的方法。本章介绍的实验只是城市热力管道检测实验的一小部分，还有很多实验能够为城市热力管道的检测提供基础数据，如管道干扰信号实验、管道压力变化检测实验等。

参 考 文 献

[1] 马书义, 武湛君, 刘科海, 等. 管道变形损伤超声导波检测试验研究[J]. 机械工程学报, 2013, 49(14): 1-8.

[2] 许成祥, 贾善坡, 涂金钊, 等. 基于工作应变模态的管道损伤识别试验研究[J]. 西南交通大学学报, 2013, 48(6): 1031-1037.

[3] 周旋. 埋地金属管道弱磁检测技术的干扰因素研究[D]. 南昌: 南昌航空大学, 2018.

[4] 刘增华, 吴斌, 何存富, 等. 扭转模态在充水管道缺陷检测的实验研究[J]. 仪器仪表学报, 2006, 27(S2): 1587-1589.

第 7 章　现场检测工艺

在对城市热力管道进行检测前，首先需要勘察管道的现场状况，因为城市环境比较复杂，热力管道有可能在围墙旁边、临时房屋下方、水沟下方等位置穿过，所以检测前需确定哪段管道人员可达，哪段管道无法在地面检测；然后需要确认检测管道的位置、走向及埋深[1]，同时检测管道保温层的破损情况，保温层的破损往往与管道中的腐蚀区域及泄漏点有伴生关系[2]；最后应用城市热力管道非开挖检测系统进行管道的损伤检测，检测过程中应进行详细的记录，必要时录制视频，对于检测中的重点怀疑区域，还应当采用其他方法进行管道损伤情况的佐证，如采用瞬变电磁法对管道腐蚀的重点怀疑区域进行检测等。

7.1　现场检测前的准备工作

7.1.1　检测现场的勘察

城市热力管道检测前，首先需要勘察管道的现场状况，需注意的主要方面如下：

(1) 管道周边是否存在强磁干扰。

(2) 确定管道覆盖物的变化，如土壤、水泥、金属物等。

(3) 确定哪段管道人员可达，哪段管道无法在地面检测。

勘察之后应进行详细的记录，为制定检测方案提供依据。

7.1.2　防腐层完整性检测

防腐层是金属管道免遭腐蚀破坏的第一道屏障，其技术状态不仅决定了管道的防腐保护能力，还对管道阴极保护的效果有着极其重要的影响，防腐层的完整性和绝缘性越好，阴极保护电流密度就越小，反之则越大[3]。城市热力管道处于地面以下，检测人员不能直接观察到管道的破坏情况，因此为了检查管道防腐层的状态，需要使用专用仪器进行管道外检测。

管道防腐层泄漏点定位和定量技术种类较多，且各具特色。目前常用的管道外检测技术有多频管中电流(pipeline current mapping, PCM)[4]法、交流电流梯度(alternative current voltage gradient, ACVG)法[5]、密间隔电位测试(close interval potential survey, CIPS)[6]技术、直流电位梯度(direct current voltage gradient, DCVG)[7,8]法、标准管/地(P/S)电位测试法、变频选频法[9]等。

1) 多频管中电流法

多频管中电流法或称管中电流法，是一种新型的管道检测方法，其原理为交流电流梯度法。该方法是先通过在管道和大地之间施加某一频率的正弦电压，向被检测的管道发射检测信号电流，在地面上沿管路检测由管道电流所产生交变电磁场的强度及变化规律，然后通过管道上方地面的磁场强度换算得到管中电流的变化，据此可以判断出管道的支线或破损缺陷等[10]。

多频管中电流法检测的基本应用原理是：管道的防腐层和大地之间存在着分布电容耦合效应，且防腐层本身也存在着微弱但稳定的导电性。管道防腐层完好时，管中信号电流在传播过程中呈现指数衰减规律；当管道防腐层破损后，管中电流便由破损点流入大地,管中电流会明显衰减,引发地面磁场强度的急剧减小，由此可对防腐层的破坏进行定位。在得到检测电流的变化情况后，根据评价模型可推算出防腐层的绝缘电阻 R_g。采用这种方法不仅可以对防腐层的破损进行定位，推算出防腐层的绝缘电阻 R_g，而且可对管道路由进行精确定位描绘，测量深度。这种检测方法在很大程度上排除了大地的电性和杂散电流的干扰，具有很好的适用性[11]。

针对埋地管道防腐层状况的检测，多频管中电流法的基本操作方法是：先用发射机将一个检测信号通入被检测管道，然后沿管道在地面进行测量，记录下该管道中各个检测点流过的电流值，如图 7.1 所示。运行管道防腐层计算软件进行检测数据处理，得出防腐层绝缘电阻计算结果和对应的直观计算结果图形。

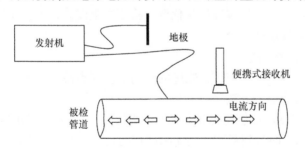

图 7.1　多频管中电流法检测系统

多频管中电流法以其效率高、操作简单、所需操作人员少、定位准确、识别微小破损点能力强、适合野外作业等优点在国内被广泛推广和使用，其代表仪器是英国雷迪公司生产的 RD-PCM 地下管线检测仪。

2) 交流电流梯度法

交流电流梯度法或称皮尔逊(Pearson)法[5]，是一种传导检测方法。该方法在检测时不需要阴极保护，只通过发射机在管道与垂直于管道 20m 远处的接地棒之间向管道通入交流电信号(1000Hz)。当一个交流电信号加载到金属管道上时，在防腐层破损点会有电流流入土壤。这样管道的破损点和土壤就会构成电压梯度，在接近破损点的部位，电压梯度增大，电流密度也加大。破损点的面积越大，电流密度就越大，电压梯度相对也会增大。仪器在埋设管道的地面上方检测到这种电位异常，即可发现防腐层的破损点。交流电流梯度法根据采集破损点信号的方式不同可以分为接地探针法和人体电容法。

交流电流梯度法最大的特点是向管道施加特定频率的交流信号，在防腐层破损点检测电流或者电压的异常。此方法可以确定外防腐层缺陷和靠近管道的能引起电位降低的金属物的位置。但是它对检测的外环境有所要求，不能在道路、铺砖路面、河流等地方使用，而且测量和解释取决于操作人员的经验，会有误差，在高电阻率的土壤中不能形成良好的接地等。

3) 密间隔电位测试法

密间隔电位测试法是当前使用的方法中能最有效地实现阴极保护系统评价工作的方法。使用该检测方法时需要安装电流同步中断器于被检测管道的阴极保护电源上。阴极保护电流密度会随管道外防腐层破损点的增大而增大。在测量管道与大地间的通/断电位时需要在管道上方沿着管道以较小的等间距进行，通常为 1～3m，通过测试数据来完成管道电位-距离变化曲线的建立，通过管道阴极保护的电位情况进行阴极保护系统的质量状况评价，对管道外防腐层是否破损进行判断，并对破损点进行定位与定量。密间隔电位测试法在阴极保护的效果评价中获得了较好的应用，也能够对管道防腐层状况进行评价。但是受到的干扰因素较多，如管道附近杂散电流、土壤环境变化等，检测结果误差较大，并且检测人员需要具有较丰富的防腐层缺陷分析经验。

4) 直流电位梯度法

直流电位梯度法是目前较为先进的防腐层破损点检测技术，也是可以精确定位管道防腐层破损点的方法之一。

直流电位梯度法能够检测出较小的防腐层破损点并精确定位，定位误差可达到-15～15cm，同时判断防腐层缺陷面积的大小以及破损点的管道是否发生腐蚀，可用于管道防腐层状况的评价，为管道防腐层的维修提供准确、可靠的科学依据。该方法有三种表达形式：一般法、衰减常数法及电流密度法。

(1) 一般法。向被检测管道通入阴极保护电流使其阴极极化，测量其电流和电位偏移的差别，根据所测到的基本参数计算出管道的防腐层绝缘性能参数。

(2) 衰减常数法。当被检测管道远离端点时，它的特性属于电流长线衰减特性，可采用一个简单的程序来求得管道的衰减常数，以此计算出管道的防腐层绝缘性能参数。

(3) 电流密度法。该方法是计算防腐层绝缘参数最简单的方法，但计算结果是一个平均值。它的基本原理是阴极保护的极化电流造成管道极化电位的偏移。

直流电位梯度法具体的现场检测过程如下：检测前，在电源处(阴极线或阳极线)串联一个电流断续器，对管道施加一种不对称的直流信号，与管线上杂散电流经过时的干扰信号加以区别。使用两根移动的电极，沿着管线测量两电极之间的电位差，同时观察电位的变化情况。在接近破损点的时候，电源发出的脉冲信号在破损点流出，在土壤中形成电位梯度，可在检测的电压表上明显看到规律的波动，频率与电流断续器设定值相同。越靠近破损点，波动就会越强。在最强的一点周围做圆形检测，即使用电极找出等电位的点，做出标记，便可以画出等电位线，如图 7.2 所示。在画出若干条同心的等电位线后，便可精确了解缺陷点的位置和形状。腐蚀层缺陷上方典型的电场分布如图 7.3 所示。

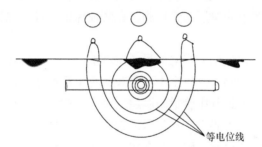

图 7.2　直流电位梯度法检测原理

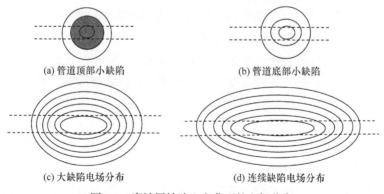

(a) 管道顶部小缺陷　　　　　(b) 管道底部小缺陷

(c) 大缺陷电场分布　　　　　(d) 连续缺陷电场分布

图 7.3　腐蚀层缺陷上方典型的电场分布

在现阶段国际上较为前沿的技术是把直流电位梯度法和密间隔电位测试法结合起来使用。对选定的管道做一系列这样的检测，就能够对破损点的严重程度和整个管道的腐蚀状况进行评估。

5) 标准管/地电位测试法

标准管/地电位测试法是一种控制管道外壁腐蚀、监控阴极保护效果的检测技术，可用来了解阴极保护系统及管道防腐层的状况。其特点是能在阴极保护系统运行状态下，沿管线测量间隔 1～1.5km 布置的测试点处的管对地电位。在某一测试点测得的电位值是靠近测试点布置的参比电极附近的若干防腐层缺陷电位的综合值。

该方法的优点是可提供管道保护状态及计算机自动化采样，能快速测量管线的阴极保护效果，无须开挖管道即可在现场取得数据；缺点是不能对防腐层缺陷进行准确定位，也不能确定防腐层缺陷的大小，不能判别防腐层剥离。

6) 变频选频法

变频选频法是向埋地金属管道施加一个电信号，通过测量电信号的传输衰耗求出管道防腐层的绝缘电阻值。该方法可用于连续管道中任意长管段绝缘电阻的测量，适用于长输管道防腐层质量检测，在阴极保护设计、保护效果评估等方面也有很好的效果。

根据交流信号传输理论，当电信号通过埋地金属管道传输时，这一系统可视为管道与大地组成的回路，是一个十分复杂的不平衡网络。反映这个网络特性的参数很多，且往往是变量，其中管道防腐层绝缘电阻就是不平衡网络的参数之一。经过复杂的理论推导，可确定交流信号沿管道—大地回路传输的数学模型。在这一模型中，管道防腐层绝缘电阻包含在建立的传输方程中传播常数的实部内。当防腐材料、结构、管材等参数已知时，通过现场对信号频率、衰减量等少数几个参数的测量，即可计算出传播常数，从而实现防腐层的在线检测。

现场检测所使用的仪器为管道防腐层绝缘电阻测量仪，该仪器主要由两部分组成：一台变频信号源和两台选频指示器。测量时，在相距 1km 的两个管道测试桩或任意长管段的两端，一端接变频信号源和一台选频指示器，另一端接另一台选频指示器，并在收、发两端配有通信联络设备。如果不知道防腐层的绝缘状况，则可试发送 10kHz 左右的信号，读取收、发两端的指示电平。如果两端的电平差小于 23dB，则应提高输入信号的频率，直到两端的指示电平差稍大于或等于23dB。除上述测量外，还可用四极法测量被检测管段的土壤电阻率。将管道半径、壁厚、防腐层厚度、介电常数等参数和上述现场实测的参数通过专用计算软件进行处理，即可算出所测管段的防腐层绝缘电阻。

7.1.3 管道走向及埋深检测

埋地长输管道的地面一般设有标志桩，但是由于管沟宽度、标志桩埋设位置不准确等，标志桩的实际位置相对管道位置会出现偏差。城市热力管道大多处于闹市区，一般没有标志桩。管道的走向和埋深对检测结果的影响很大，只有确定管道精确的走向和埋深，才能够保证检测的精度。

目前常用的管道走向与埋深检测方法主要有基于电磁的感应法、直接法及探地雷达方法等，所用到的仪器以英国雷迪公司 PCM 系列为主。这些仪器设备的发射机向管线施加交变电流，在管道周围产生交变磁场，利用接收机可探测它的交变磁场和空间分布。根据磁场的分布特征，就可确定管道的位置及埋深。

英国雷迪公司开发的埋地管道电流测绘系统 PCMX 是一种高性能的埋地管道外防腐层检测仪。它引入了全新的检测模式，采用超大功率发射机和近直流的检测信号对管道进行检测，极大地克服了探测工程中存在的探测领域的局限及评估误差。埋地管道电流测绘系统 PCMX 检测管道走向及埋深的基本原理如下。

1) 管道走向检测原理

管道走向检测方法分为峰值法与谷值法，这两种方法的基本原理是相同的。如图 7.4(a) 所示，在仪器内部设置有线圈，当水平线圈轴线与有电流的地下管道垂直且处于地下管道正上方时，水平线圈信号最强。根据这个原理，检测人员手持仪器沿管道行进时，可根据仪器的提示一直在管道正上方走动，具体操作方式如图 7.4(b) 所示。

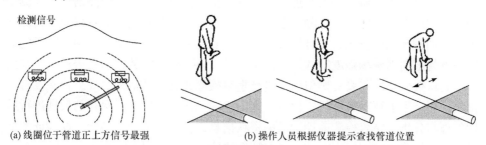

(a) 线圈位于管道正上方信号最强　　　　　(b) 操作人员根据仪器提示查找管道位置

图 7.4　管道走向检测原理

2) 管道埋深检测原理

埋地管道电流测绘系统 PCMX 接收机内有上下两个相同的水平放置的线圈，它们之间的距离已知。在路面正上方测量得到的上下传感线圈的信号强度，按照电磁理论，可以反推算出未知的目标管道埋深。

管道埋深检测原理如图 7.5 所示。假设接收机内两平行的探测线圈的中心距为 L，在路由的正上方检测到的信号分别为 v_1、v_2，则埋于地下 D 处的管道理想情况下满足公式 $D=L/(v_2/v_1-1)$。管线探测仪利用这样的关系通过直读法测量管线的埋深。

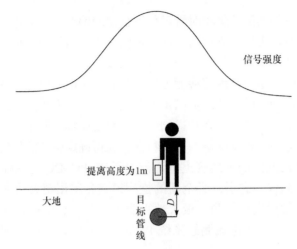

信号强度

提离高度为1m

大地

目标管线

D

图 7.5　管道埋深检测原理

7.2　现场检测工艺的制定

7.2.1　检测工艺流程

对在役运行的城市热力管道进行非开挖检测，要全面做好检测前期、检测中期、检测后期的工作。在检测前期，要详细记录被检测管道的信息以及被检测管道所处周围环境的信息，并且做好检测所需要的准备工作；检测中期，除了完成被检测管道周围磁场强度的数据采集工作外，还要对异常数据信息进行记录与处理，确认疑似点后需要对疑似区域进行重复检测或利用其他方法反复校验，再对重复检测结果进行对比分析；检测后期即检测工作结束后，对保存的数据进行后期处理与分析，结合检测前期记录的资料信息进行资料整合，结合开挖验证的结果出具最终管道检测报告[12,13]。热力管道的检测流程如图 7.6 所示。

1. 检测前准备

(1) 管道现场勘察。按照 7.1.1 节所述勘察待检测管道的现场状况，并做详细记录。

(2) 检测管道防腐层破损情况、管道埋深和管道走向，并做详细记录。

(3) 管道资料调查。采用城市热力管道非开挖检测系统进行管道检测之前，应了解管道的相关施工资料、运行资料、维修资料等，并将结果记录在管道信息记录表中，如附表 1 所示。检测前管道业主需提供的资料如下：

① 投产运行时间、输送介质；

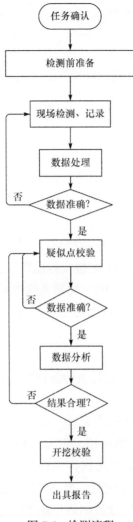

图 7.6　检测流程

② 管道长度、敷设环境；

③ 外径、内径和最大埋深；

④ 设计压力，MPa；

⑤ 运行压力，MPa；

⑥ 维护记录，即故障数量和故障造成的原因、管道维修情况及其位置；

⑦ 历史检测情况、方法和主要结论的数据；

⑧ 其他信息，如管道附近平行及交叉的管道、管道三通、管道附件等信息。

(4) 编制现场检测方案。根据收集的资料编制现场检测方案，方案应包括任务来源、检测目的、管道状态分析、检测流程及人员安排等，具体表格见附表 2。

(5) 检测仪器设备的调试，调试应确保系统电源正常、计算机系统通信及输出正常。

(6) 记录检测现场操作人员。

(7) 保证检测仪器周围 3m 内无随机移动金属物质，注意随同检测人员的皮带扣、手机等。

2. 现场检测

1) 检查仪器

通过仪器自检程序检测传感器输出是否正常，电池电量、存储空间是否足够，以确保仪器能正常使用。

2) 管道起始点确认与管道定位

确定开始记录数据的起始点，应选择被检测管道有明显标志(如测试桩、泵站起点或终点等)或裸露管道的位置；定位及标记管道轴线，沿管道轴线方向布置测线，在单次测量距离一般不大于100m(可视范围内)的位置放置管道标志物，管道经过障碍物时，应将沿管道轴线左右两边各0.5m内的杂物清除干净，以方便行走及避免干扰。

3) 管道检测

由操作人员携带检测仪器沿着管道标志物匀速前进，测量管道磁场信号。测试时应重点关注如下注意事项：

(1) 仪器应平稳，避免出现剧烈晃动。检测过程中仪器操作人员身上不能穿戴铁磁性饰品(包括皮带扣、衣服纽扣、钥匙、手表等)及其他电子产品。

(2) 非仪器操作人员应远离检测仪器 3m 以上。检测过程中通过井盖、电线杆、信号灯、磁场干扰源等环境标志物时，要认真做好记录。

(3) 特殊情况处理。被检测管道如遇车辆占压等特殊地段，需要带好辅助设备，保证操作人员及设备能安全正常地通过，对于无法检测的区域应做好记录。

(4) 疑似点复检。对于疑似腐蚀的区域，可以采用重复检测的方式进行确认，或者采用其他检测方法进行检测校验，并做好记录。

(5) 测量过程中的记录应统一填写，如附表3所示。

3. 开挖验证

1) 数据初步分析

使用检测分析软件对检测的管道信号进行初步分析，确定管道可能的缺陷位置及类型。

2) 校验点的确定

根据初步分析结果，分别针对可能的不同类型缺陷选择具有代表性的检测点进行开挖校验，依据检测点对应的管道坐标、参考点位置等信息确定开挖位置，每类缺陷的校验点数量至少为 1 个。

3) 校验点的检测

校验点挖开露出管道后，采用其他可靠检测方法对管道进行检测：

(1) 对于管道变形类缺陷，确定其类型，包括凹陷、椭圆变形、屈曲等，应测量变形的深度、长度、钟点方位等信息。

(2) 对于金属损失类缺陷，宜采用几何检测、超声波等方法确定金属损失的轴向长度、环向长度和深度等尺寸信息。

(3) 对于固定墩和补偿器，要确定其位置和长度。

(4) 对于焊缝，需确定焊缝的位置。

(5) 检测结果应记录并填写在表格中，具体的表格形式见附表 4。

4. 数据处理与评价

结合管道信息、现场检测记录信息、校验点检测结果，对初步分析结果进行修正，最终确定被检测管道的缺陷位置及类型。

对于含缺陷的管道，可根据磁异常程度等参数进行危险性评价，确定管道缺陷的危险等级。管道缺陷的危险等级可根据相关国家标准评判。

5. 检测报告

1) 检测记录

按检测流程的要求记录相关信息，并按相关法规、标准和(或)合同要求保存所有记录。

2) 检测报告

检测报告至少应包括以下内容：

(1) 委托单位和检测单位的名称；

(2) 检测仪器名称和编号；

(3) 被检测管道的状况，包括名称、规格、输送介质、正常输送压力、最高输送压力、起止点位置；

(4) 执行与参考的标准；

(5) 检测方法的简单描述；

(6) 检测结果分析的简单描述；

(7) 被检测管道缺陷部位磁异常信号特征；

(8) 被检测管道缺陷部位对应危险等级；

(9) 被检测管道缺陷部位的处理措施建议；

(10) 结论；

(11) 检测人员、报告编写人和审核人签字；

(12) 检测日期及报告编写日期。

7.2.2　评价方法

1. 损伤程度的评估[14]

根据《无损检测　管道弱磁检测方法》(GB/T 35090—2018)进行管道损伤程度的评估。

获得损伤位置的磁信号后，通过式(7.1)对损伤位置的损伤程度进行评估。磁矢量分量差值计算示例参见国家标准。

$$G = \sum_{i=x,y,z} \sqrt{\sum_{j=x,y,z} \left(\frac{\Delta H_{ij}}{\Delta l_i} \right)^2} \tag{7.1}$$

式中，G 为损伤程度大小的度量值，$G>0$，其值越大表示损伤程度越高；ΔH_{ij} 为 i 方向排列的传感器之间磁矢量 j 分量的差值；Δl_i 为 i 方向排列的传感器之间的距离。

2. 开挖后的评价

热力管道开挖后，之前所设置校验点的参照物会出现不同程度的缺失，应通过一定手段确定管道异常点与之前所设置校验点的关系，并对异常点进行合理的评价。

(1) 异常点找寻。城市热力管道腐蚀检测系统检测出的异常点找寻应依据附表4的检测过程进行，该表提供了异常点的里程、异常点的坐标、异常点的参照物、异常点与参照物的距离等信息。具体的找寻方法如下：

① 使用卫星定位仪定位，找到与异常点卫星定位坐标相吻合的点。

② 确定该点附近管段的准确位置和走向。

③ 辨识环境，对照参照物的信息，确定参照物，异常点的参照物应为两个。

④ 确定异常点的起始点位置和结束位置,使用皮尺在管道正上方量出异常点的起始位置和结束位置与参照物的距离。测量距离时，第一个参照物对应异常点的起始位置，第二个参照物对应异常点的结束位置。

⑤ 测量异常点起始位置和结束位置的间距,应与附表4中检测过程的异常长度相符。

(2) 对于应力异常类缺陷，采用其他类型的检测仪器对异常点进行检测校验。

(3) 现场开挖验证中，宜采用超声、磁粉、射线等常规检测方法对检测报告中的缺陷进行检测校验。

3. 应力集中的评价

如果开挖点挖开后管道表面及内部没有腐蚀或裂纹存在，且在管道表面检测时其磁异常信号并未消失，则判断该处为应力集中[15]。

对于弱磁信号异常部位的应力集中程度，可通过表面漏磁场 H_p 的梯度 K_{in} 来评价：

$$K_{in} = |\Delta H_n| / l_k \tag{7.2}$$

式中，ΔH_n 为所选取的两测量点之间的表面漏磁场 H_p 的差值；l_k 为所选取的两测量点的距离。

测量点宜选择在磁场突变信号峰峰值的位置或其附近。

7.3 本 章 小 结

城市热力管道现场检测状况复杂、干扰源多样，在检测前、检测过程中及检测后必须仔细记录现场检测状况，并根据检测信号结合现场状况分析缺陷信息及干扰信号。制定细致的检测工艺标准能够最大限度地降低管道周边信息的错漏，保证检测的准确性。检测完成后还应对疑似缺陷位置利用同一原理仪器或不同原理仪器进行复检，进一步提升判断的准确性。本章主要介绍了城市热力管道检测前的准备工作及现场检测工艺的制定。检测前的准备工作包括管道检测现场的勘察、管道背景资料的搜集、管道防腐层状况的检测以及管道走向与埋深的检测等；现场检测工艺的制定部分包括检测工艺流程的具体条款及对管道损伤的具体评价方法。

参 考 文 献

[1] 李志宏. 城市天然气埋地管道非开挖检测技术研究[D]. 合肥: 合肥工业大学, 2009.
[2] 赖东杰. 管道防腐层缺陷检测常用方法[J]. 中国科技财富, 2009, (2): 47-48.
[3] 安慧斌, 徐立新, 孟宪耀. 管道防腐层缺陷检测方法的综合应用[J]. 煤气与热力, 2004, 24(1): 55-58.
[4] 姚小静, 迟大龙, 张峰. 用多频管中电流法进行长输管道检测[J]. 石油化工腐蚀与防护, 2007, 24(6): 46-48.
[5] 邢西臣, 朱建立. Pearson 法用于热力管道防腐保温层破损检测[J]. 测绘通报, 2013, (S2): 234-235.
[6] 滕延平, 张丰, 赵晋云, 等. 杂散电流干扰下管道密间隔电位检测数据处理方法[J]. 管道技

术与设备, 2009, (4): 29-31.

[7] 巢栗苹. 用直流电位梯度法测量埋地管道防护层缺陷位置的模拟试验[J]. 腐蚀与防护, 2008, 29(5): 257-259.

[8] 张乐乐. 基于 DCVG 的供热埋地管道防腐层破损检测技术的研究[D]. 哈尔滨: 哈尔滨工业大学, 2011.

[9] 苑绍成. 变频选频法——地下管道防腐层质量检测技术[J]. 管道技术与设备, 1999, (4): 36-38.

[10] 石炜明, 曹光贵. PCM 检测技术在管道外防腐层的应用[J]. 管道技术与设备, 2016, (4): 58-60.

[11] 王廉祥. PCM 技术在埋地管线外防腐层破损检测中的应用[J]. 中国石油和化工标准与质量, 2011, 31(11): 25.

[12] 王忻. 长输管道维修补强工艺技术研究[D]. 西安: 西安石油大学, 2015.

[13] 冯宝香, 罗金恒, 陈志昕. 埋地长输管道现场检测及安全评价[J]. 化工管理, 2018, (2): 51.

[14] 张其敏, 杨怡恒. 埋地管道腐蚀损伤评价[J]. 管道技术与设备, 2004, (3): 39-41.

[15] 宋小坚. 埋地燃气钢管防腐检测评价及完整性管理措施研究[D]. 哈尔滨: 哈尔滨工业大学, 2016.

第8章 工程检测案例

埋地管道检测是一项综合性技术，需要了解、分析地表和地下的状况，以及管道背景情况，并根据检测结果进行合理推断与验证。本章工程检测案例中第一和第二个案例为管道发生泄漏的检测案例，第三个案例为管道未泄漏但存在腐蚀情况的检测案例。

8.1 呼和浩特热力管道泄漏检测案例

1. 现场状况

内蒙古位于我国北部，主要为温带大陆性季风气候，具有降水量小且不匀、风大、寒暑温度变化剧烈的特点，该地区年平均气温一般为 0～8℃，值得注意的是，日温差平均为 12～16℃，最冷季节气温平均为-16.1～-12.7℃。这种气候条件对供热供暖可靠性的要求非常高。

本书作者团队受内蒙古某大型供热企业的邀请，于 2015 年 11 月上旬在呼和浩特某小区进行供热二级热力管网的泄漏检测，11 月上旬是北方供暖的初期。

该管网为直埋热力管网，泄漏前补水量为每天小于 1t，泄漏后补水量为每天 40～50t，泄漏时间超过一周。

根据搜集的信息，调试好检测仪器并完成检测前的相关准备。检测前，了解近期天气情况、管道参数、管道运行情况及管道周边环境情况。使用热力管道磁-温-湿综合泄漏检测系统，对存在泄漏的二级管网段进行了非开挖在役检测，对怀疑泄漏区域进行多次重复验证，最终实现泄漏点的定位。

2. 检测结果分析及开挖验证

根据制定的检测操作流程，使用热力管道磁-温-湿综合泄漏检测系统完成现场的检测，将全程检测数据和复查可疑区域的检测数据进行保存。对数据进行进一步的分析后对泄漏点进行判定，并组织人员安排开挖验证。图 8.1(a) 为现场检测状况，图 8.1(b) 为疑似泄漏点判定。

对于该疑似泄漏点区域的检测，采用多次往复检测的方式，采集大量数据，分析各组数据的重复性。下面选择三组数据，观察其重复性，如图 8.2 所示。图中右侧为红外温度信号(CT 信号)，左侧下方曲线为近地磁场信号(MT 信号)，左侧上方为温度场云图，便于观察温度场的变化。能够看出，该处温度场存在明显异常，弱磁检测数据也存在一定的异常(曲线下凹且曲线走势在该处转换，由逐渐减小变为逐渐增加)，且三次检测数据的重复性较高。

(a) 现场检测　　　　　　(b) 疑似泄漏点判定

图 8.1　现场检测及疑似泄漏点判定

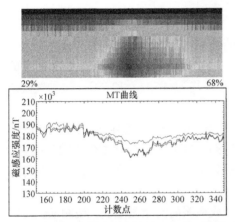
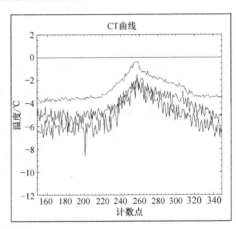

(a) 第一次检测结果

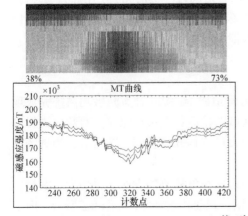
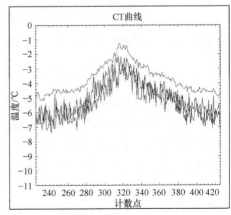

(b) 第二次检测结果

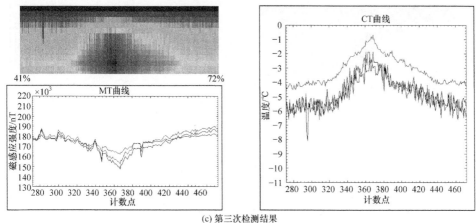

(c) 第三次检测结果

图 8.2　某小区管道疑似泄漏点检测原始数据

　　为便于检测结果的对比和分析，将原始数据进行噪声及插值处理，对图 8.2 中信号进行噪声处理后的结果如图 8.3 所示。

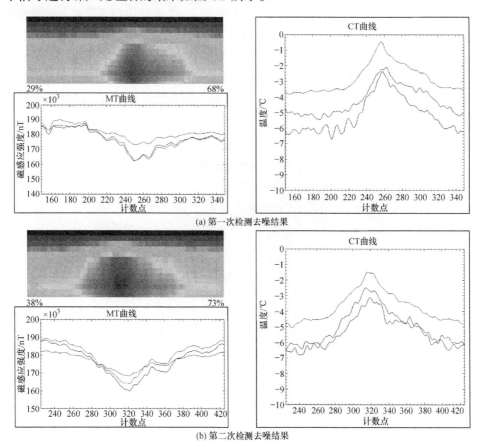

(a) 第一次检测去噪结果

(b) 第二次检测去噪结果

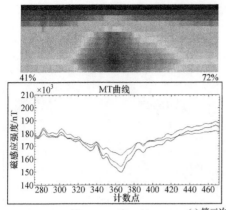

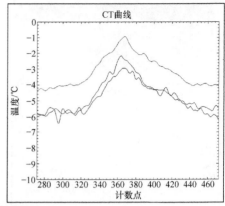

(c) 第三次检测去噪结果

图 8.3　某小区管道疑似泄漏点检测数据去噪结果

从处理结果上看，各曲线特征被保留下来，三组去噪后数据的评判结果也与原始数据基本一致，更易于判定数据异常段是否为泄漏点。

检测结果表明，CT 曲线的峰值计数点附近，MT 曲线也出现异常。测温模块中，2 号探头采集到的峰值温度数据约为-1℃，1 号探头采集到的峰值温度数据约为-2.5℃，3 号探头采集到的峰值温度数据约为-3.5℃，通过温度曲线判断，该处出现异常温度场。参考 MT 曲线，发现在温度场异常区域，弱磁检测曲线也出现明显异常，即地磁场强度在此处减弱，并在该位置附近出现波谷。经反复检测验证，最终确定对该疑似点进行开挖。

开挖过程及其结果如图 8.4 和图 8.5 所示。

图 8.4　泄漏点开挖初现热水

热力管道上方的
光纤管道

喷射出的热水

图 8.5　泄漏点开挖后热水喷射

从开挖结果来看，此次检测定位准确，地面标记与最终泄漏点偏差约 15cm。开挖发现热水喷射，换热站停止该管线的供暖，待管内热水清空后，对管道进行临时维修，维修后管网补水问题消失。此次管道泄漏原因为入户管与二级管搭接处焊缝腐蚀穿孔。

泄漏点的顺利定位，验证了测温模块在城市热力管道磁-温-湿综合泄漏检测系统上的应用效果，同时，也验证了弱磁模块在泄漏判断时的重要作用。本次开挖发现，在热力管道上方有光纤管道，虽对检测数据造成一定影响，但对判定结果的影响并不大，说明城市热力管道磁-温-湿综合泄漏检测系统具有一定的抗干扰能力。

8.2　宁波热力管道泄漏检测案例

本书作者团队受宁波某热力公司委托，对宁波某开式热力管道进行泄漏检测。

1. 管道背景信息

现场检测前，首先搜集管道的背景信息及检测现场状况。

(1) 检测地点：宁波某酒店旁热力管道。

(2) 检测时间：2019 年 1 月 11 日晚上 20～21 时。

(3) 环境状况：室外温度为 7℃，小雨，相对湿度为 83%。

(4) 管道状况描述：

① 热力管为双筒管；

② 管道位于柏油路下方，埋深为 1.1～1.3m。

(5) 管道运行近 20 年。

(6) 管道输送介质：200℃左右的蒸汽。

(7) 检测仪器：热力管道磁-温-湿综合泄漏检测系统。

(8) 管道的设计样式如图 8.6 所示。

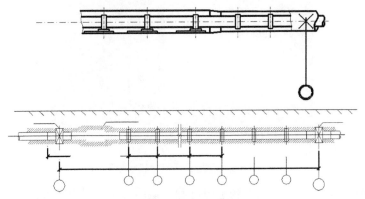

图 8.6　双层钢蒸汽用保温钢管设计样式

　　该管道是一种双层钢蒸汽用保温钢管。钢管埋设采用一种防水、防漏、抗渗、抗压和全封闭的埋设新技术，是直埋敷设技术在地下水位较高地区使用的一次较大突破。它是由输送介质的钢管、防腐外套钢管以及钢管与外套钢管之间填充的超细玻璃棉组合而成的,也可采用石墨、硅钙瓦管壳及填充聚氨酯泡沫复合而成。直埋管道保护管的首要问题是严密防水的可靠性，此外要有良好的机械强度。外套钢管由于强度高而采用焊接连接，防水的密封性能很好，其耐高温性能也是其他外保护管不能比拟的。在地下水位高的地区，为保证地下水不影响蒸汽用直埋管道的正常运行，外保护层最好采用坚固、密闭的钢管外壳。

2. 现场检测

图 8.7　热力管道磁-温-湿综合泄漏
检测系统现场检测

　　由于本次检测管道是已经投入运行近 20 年的陈旧管道,其设计图纸与工程施工记录严重缺失，只能通过询问热力公司工作人员，猜测管道大概走向。在现场勘察中，由于没有管道定位仪器，只能依靠热力管道磁-温-湿综合泄漏检测系统辅助定位。首先通过热力管道磁-温-湿综合泄漏检测系统判断管道位置和走向，如图 8.7 所示，管道走向为地面上较宽画线的方向，仪器检测方向跨过管道，根据信号确认此处管道位置。管道检测结果如图 8.8 所示，结合系统温度曲线和磁感应强度曲线，能够确定管道的位置。

　　图 8.8 中，CT 曲线、MT 曲线在此处也有明

显异常；RT(相对湿度)曲线为湿度传感器检测曲线，在寻找管道位置时暂时不作为评判依据。综合以上测温、弱磁两种传感器的检测结果，能够测定管道的位置。按照这种方法，在另一处重复上述检测，则可通过两点连线的方式确认管道走向。管道走向确定后，可利用热力管道磁-温-湿综合泄漏检测系统进行管道泄漏检测。

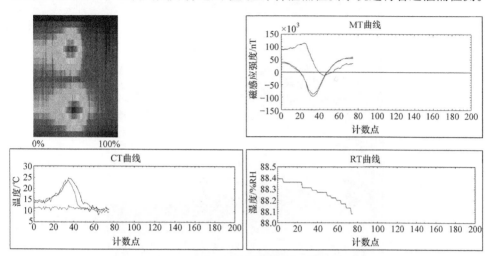

图 8.8　判断管道检测信号结果图

检测管道所在位置及疑似泄漏点等的初步判断结果如图 8.9 所示。本次检测的管道分为两段，沿药局巷走向的检测管道段长度为 51m，沿和义路方向的检测管道长度为 8m。

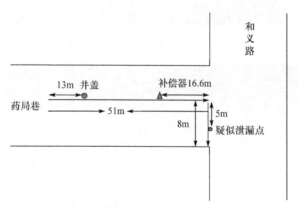

图 8.9　检测管道位置及疑似泄漏点判断

沿药局巷检测管道段的环境如图 8.10 所示，两条虚线段所画地面为管道所在位置，检测方向沿管道进行，检测长度为 51m。该段管道检测结果如图 8.11所示，在距离检测起点 13m 处磁感应强度幅值变化达到 100000nT，温度信号稍微上升，现场查看发现管道附近有一个井盖；在距离检测起点 31m 处磁信号异常幅值变化为 20000nT，温度信号并未发生异常，与现场工作人员沟通，确定此处为补偿器。

图 8.10　51m 段管道走向及检测方向

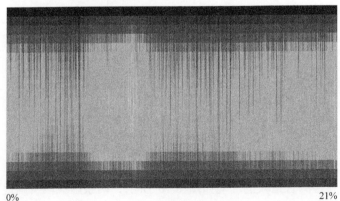

0%   21%

(a) 温度场云图

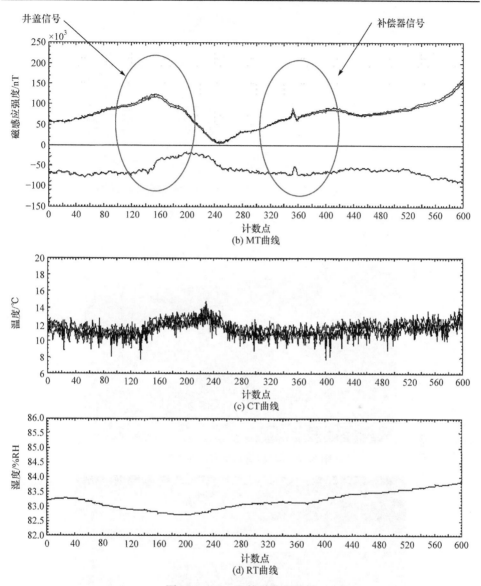

图 8.11　51m 段管道检测结果

　　沿和义路检测管道段的环境如图 8.12 所示,两条虚线段为管道所在位置,检测方向沿管道方向,检测长度为 8m。该段管道检测结果如图 8.13 所示,在距离检测起点 5m 处磁感应强度幅值变化达到 160000nT、温度信号增加 5℃,与工作人员沟通,确定此处无其他管道附属设备,根据信号判断此处为疑似管道泄漏。

图 8.12　8m 段管道走向及检测方向

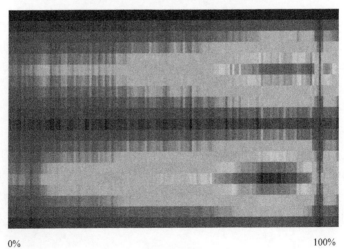

(a) 温度场云图

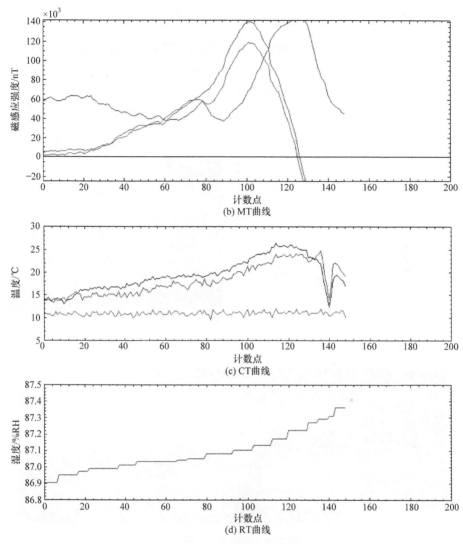

图 8.13 8m 段管道检测结果

3. 检测结论

根据详细的检查，得到如下结论：

(1) 根据管道大致走向信息，结合磁信号和温度信号，能够正确找到热力管道的走向。

(2) 通过磁感应检测图形能够辨别井盖、固定墩、补偿器等其他异常物体，根据信号异常的特征，结合管线图纸能够精确确定异常物体的位置。

(3) 对管道疑似泄漏处的判断，应结合磁信号和温度信号进行。

4. 开挖验证

检测后对该段管道进行开挖验证，开挖后的管道泄漏情况如图 8.14 所示。开挖后发现两处泄漏点。泄漏点 1 位于药局巷检测管道段补偿器左侧 0.5m 左右的位置，泄漏点 2 位于沿和义路检测管道段的 5m 处。泄漏点 1 处由于存在补偿器的干扰未进行判断，泄漏点 2 处的判断结果完全正确。管道泄漏处照片如图 8.15 和图 8.16 所示。

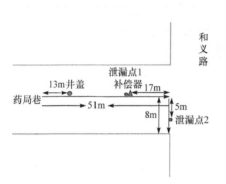

图 8.14　开挖后管道实际状况

图 8.15　泄漏点 1 处照片

图 8.16　泄漏点 2 处照片

8.3　天津热力管道腐蚀检测案例

8.3.1　现场检测

受天津某热电公司委托，本书作者团队对天津芥园西道 1.2km 热力管道进行非开挖检测。检测的主要仪器为城市热力管道腐蚀检测系统。

根据现场检测工艺的要求，施工现场的检测、分析、验证步骤如下：

(1) 查阅资料，了解管道的敷设及运行背景。

(2) 现场勘察，确定哪些管段能够检测，做好现场情况的记录。

(3) 利用 PCM 仪器确定管道走向、电流泄漏点、埋深数据。

(4) 利用城市热力管道腐蚀检测系统进行现场检测。

(5) 现场检测状况记录。

(6) 弱磁检测信号分析，标注疑似腐蚀区域。

(7) 对疑似的管道腐蚀区域进行复检验证。

(8) 综合分析各检测结果，出具管道评估报告。

(9) 对某些疑似区域进行开挖验证，出具最终检测报告。

检测的具体情况如下：

1) 检测前准备

首先进行现场勘察，确定哪些管段能够检测，确定管道的可检测区域并确定检测方案，应用 PCM 仪器进行管道的走向、电流泄漏点、埋深数据等检测，并在地面进行标记，如图 8.17 所示。由于城市热力管道腐蚀检测系统需由操作人员背负进行检测，一般 50m 为一个标记单位，操作人员在起始及终止检测时都有明确的标记点。标记内容包括管道编号、管道的走向、管道埋深及电流泄漏点，一般可用油漆在地面喷涂。在城市热力管道中，防腐层破坏后一般都会形成电流泄漏点，且电流泄漏量与管道防腐层破损的严重程度成正比。

图 8.17 检测现场地面标记

2) 现场检测及记录

检测前准备完成后，就可以开始对管道进行现场检测。采用在地面标记点中间段布置米尺的方式，这样既能够记录各个标记点的具体位置，又能够在检测时更加准确地行走在管道正上方，如图 8.18 所示。

图 8.18　城市热力管道腐蚀检测系统现场检测

在检测过程中，要注意旁边行驶的汽车和自行车等车辆，需确保车辆固定不动或尽量远离检测仪器。

对现场检测状况进行详细记录，如检测过程中经过的井盖、电线杆、疑似补偿器等。

3) 弱磁检测信号分析

现场检测完成后，根据现场 PCM 仪器的电流泄漏点数据、管道埋深数据、弱磁仪器检测数据、现场记录数据，进行检测结果的评定与判断。检测结果的判断应采用人工智能与程序计算结合的方式，例如，利用相似理论排除管道中三通、固定墩、交叉管等对检测信号的影响，再利用缺陷定量方法计算管道腐蚀程度，电流泄漏点可以作为管道腐蚀判断的加强因素，管道埋深数据能够反映检测仪器的提离情况。

4) 疑似缺陷的复检验证

经数据分析确定疑似腐蚀点后，为提升判断的准确率，用城市热力管道腐蚀检测系统对疑似点进行进一步确认。利用热力管道腐蚀检测系统对多个疑似位置进行复检、验证，复检现场如图 8.19 所示。此时需要检测的距离较短，并对检测数据进行精细分析，因此可采用干扰信号更少的导轨检测方式进行检测。检测时间为晚八点至次日凌晨，此时城市道路上的车辆较少，有利于减少干扰，提高检测速度及准确率。

图 8.19　城市热力管道腐蚀检测系统复检现场

8.3.2　检测数据分析

此次检测的热力管道总长达 1.2km，数据量较大，本节选择其中一个检测段进行分析。

数据管段为：检测第一段 A 管(C1)部分，本次检测中定义 A 管为出水管，B 管为回水管。

图 8.20 为 C1 段管道检测现场记录图，该段被检测管道的总长为 50m，A1.70 字样代表该处为 A 管电流泄漏点，强度为 1.7A。在城市热力管道中，一条管沟通常敷设两条管道，即出水管与回水管。图中，A 管为沿管道检测方向左侧的管道，B 管为沿管道检测方向右侧的管道，⊕标志为地面圆形井盖，并标注了地面上距离管道较近的铁钉头以及疑似管道附件或腐蚀点的区域。

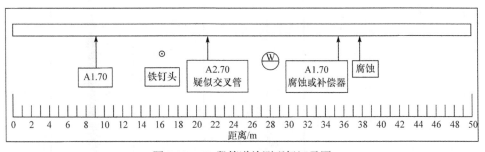

图 8.20　C1 段管道检测现场记录图

在本次检测的数据分析中，应用了弱磁传感器 z 轴、x 轴方向所检测到的磁感应强度曲线，其中，z 轴方向为竖直方向，x 轴方向为传感器前进方向。在缺陷分析中，主要利用 z 轴数据作为分析依据，x 轴的数据作为辅助。从图示传感器的 z 轴、x 轴的检测曲线中能够看出，这两个方向的传感器检测曲线具有类似的趋势。

图 8.21 为弱磁传感器 z 轴磁感应强度变化曲线，图 8.22 为弱磁传感器 x 轴磁感应强度变化曲线，图 8.23 为张量独立分量图像，张量独立分量由各个传感器分量的数据叠加而成。

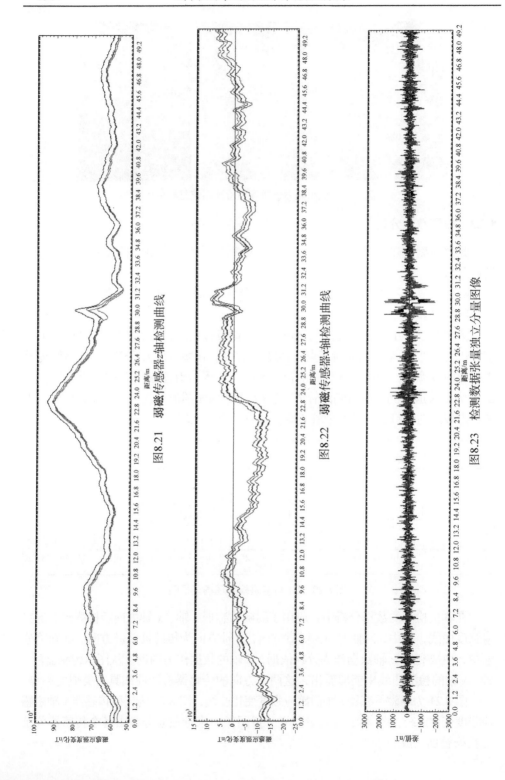

图8.21　弱磁传感器z轴检测曲线

图8.22　弱磁传感器x轴检测曲线

图8.23　检测数据张量独立分量图像

结合弱磁检测曲线的相似性分析、损伤分析结果，根据检测结果显示，该管段在距离检测起始点9m处存在疑似交叉管，在21m处存在疑似交叉管，在 17～21m 处金属量减小且损失金属量约为 25.3%，在 30m 处为一个排水井盖，在 35～40m 处存在疑似补偿器，排除了 37m 处的疑似腐蚀。

17～21m 处的检测系统复检结果如图 8.24 所示，表明在该处存在磁感应信号的异常变化，可确定为疑似腐蚀区域。

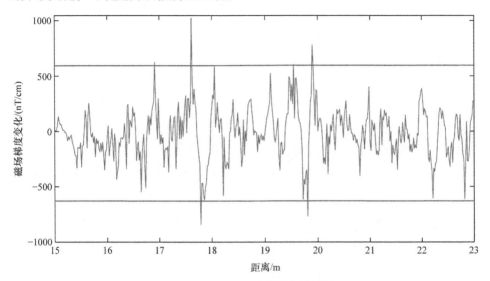

图 8.24　17～21m 处弱磁复检结果

8.3.3　开挖验证

1. 验证图纸

天津芥园西道供热管道非开挖检测 C0/C1 检测段 75.5m 验证数据汇总图如图 8.25 所示。其中，第一部分为现场检测记录；第二部分为开挖后所记录的管道各个附件的真实存在情况；第三部分为 A 管及 B 管的完整检测数据；第四部分为在某些验证点利用轨道推拉方式检测的数据，该部分中，上面曲线为 z 轴方向传感器的检测曲线，下面曲线为张量独立分量图像。

2. 开挖前后对比

为了能够进行详细的验证与对比，开挖验证前应当对检测、判断状况进行详细记录，开挖前后的对比表格如表 8.1 所示。表格第一列为管段编号，可唯一确定管道在此次检测过程中的位置；第二列是判断状况、管道附件等项目在该管段

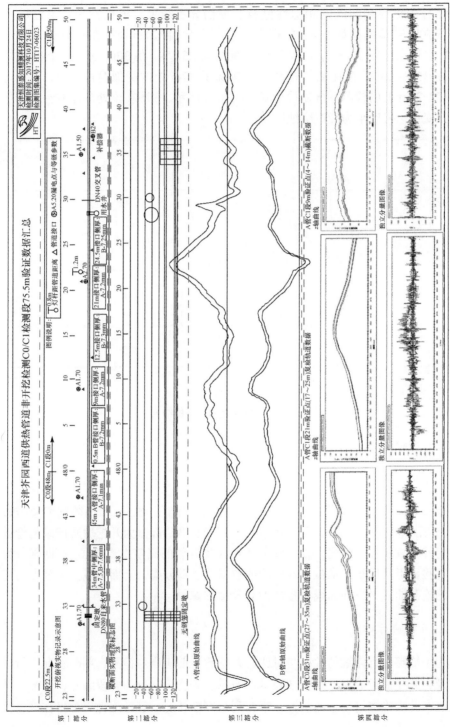

图8.25　验证图纸示例

中发生的具体位置，此处位置一般为相对该管段检测起点的距离；第三列管道漏电情况为所记录的 A 管或 B 管漏电情况；第四、五列为腐蚀判断情况，分为开挖前的腐蚀判断情况和开挖后的腐蚀验证情况；第六、七、八列分别为检测现场的干扰物(分地上记录与地下判断两类)、开挖后对地下干扰物的确认及检测信号判断与实际干扰物的偏差情况；最后一列为备注，一般是现场状况的补充等内容。

表 8.1　C14 段开挖前后的对比表格

管段编号	位置/m	管道漏电情况	检测结果判断	实际腐蚀状况	管道检测干扰物	实际干扰物	与实际干扰物偏差	备注
C14	55	A4.10						
	54				灯杆干扰			
	50				交叉管			
	42				灯杆干扰			弱磁检测结果判断在 38.5～40m 处 B 管可能存在腐蚀区域，壁厚减薄量为 13%
	35.5～37.5		−10%	A 管、B 管最大金属损失量为壁厚的 16%，与 38.5～40m 处连通				
	35.5	A3.10						
	31.5～33.5		−13%					
	31	A5.10						
	29				地面修补			
	25				交叉管			电检地线干扰
	21	A4.10						
	18				雨水井			待开挖验证
	10				加电井	三通	−0.6m	
	连续车位(0～10m)							

　　在条件允许的情况下，对于开挖前各检测段的卫星定位坐标及检测段地标也应该有表格或照片、视频记录，因为开挖后很多地面标记物会被掩盖或移动。检测现场的卫星定位及现场照片记录如图 8.26 所示。

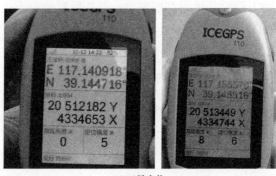

(a) 卫星定位

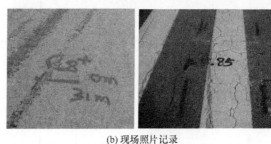

(b) 现场照片记录

图 8.26　检测现场的卫星定位及现场照片记录

　　开挖过程需进行图片及视频记录，方便检测人员后期调用。图 8.27 为开挖现场的图片记录。

图 8.27　开挖现场的图片记录

3. 开挖验证结果

　　图 8.28 和图 8.29 为开挖后对疑似点的超声测厚验证。图 8.28(a) 中，C14 段 42m 处腐蚀点测厚结果为 6.57mm；图 8.28(b) 中，C7 段 27m 处腐蚀点测厚结果为 2.50mm。

(a) C14段42m处腐蚀点测厚结果

(b) C7段27m处腐蚀点测厚结果

图 8.28　部分验证结果 1

图 8.29(a) 中，C6 段 42m 处腐蚀点测厚结果为 6.34mm；图 8.29(b) 中，L2 段 27m 处腐蚀点测厚结果为 6.81mm；图 8.29(c)中，C5 段 7m 处腐蚀点测厚结果为 6.29mm。

(a) C6段42m处腐蚀点测厚结果

(b) L2段27m处腐蚀点测厚结果

(c) C5段7m处腐蚀点测厚结果

图 8.29　部分验证结果 2

其中，C14 段 42m 处检测腐蚀量为 22.3%，实际腐蚀量为 $(1-6.57/8)\times100\% = 17.9\%$。结果证明，开挖后验证的结果与城市热力管道腐蚀检测系统的检测结果符合度很好。

8.4　本 章 小 结

本章主要介绍了利用城市热力管道磁-温-湿综合泄漏检测系统及城市热力管道腐蚀检测系统对管道进行泄漏与腐蚀检测的案例。实际检测效果证明，本书作者团队自主研发的城市热力管道非开挖检测系统操作简便、检测结果准确，在热力管道检测中具有广阔的应用前景。

附　　录

附表 1　管道信息记录表

管道信息	参数
管道名称	
运营单位	
投入运营时间(年/月)	
管道长度/km	
管道壁厚/mm	
管道外径/mm	
运行压力/MPa	
设计压力/MPa	
管道材质	
管道埋深/m	
输送介质(主要成分及腐蚀性)	
防腐层(类型及厚度)	
近期检测情况(检测时间、检测方式及结果等)	
管道维修情况(维修时间、维修方式及位置等)	
其他信息	

备注:

附表 2　现场检测方案

1 任务来源

×××

2 检测目的

×××

3 管道状态分析

3.1 管道基本概况

×××

3.2 管道参数

×××

4 检测方案

4.1 检测流程

×××

4.2 人员配备与分工

××××

4.3 仪器准备

×××

4.4 注意事项

×××

5 检测时间、地点

×××

6 参与单位及分工

×××

7 其他事项

×××

附表3　检测过程记录表

管道名称						
检测长度			起点(km 或坐标)			
			终点(km 或坐标)			
文件名	参考起点	里程/m	GPS(经纬度)	干扰源、特殊环境描述		埋深/m
检测人员			记录人员		日期	

附表 4　开挖验证记录表

序号	缺陷类型									
	变形				金属损失			固定墩/补偿器		焊缝
	类型(凹陷、椭圆变形、屈曲等)	深度/mm	长度/mm	钟点方位(时、分)	轴向长度/mm	环向长度/mm	深度/mm	位置(时、分)	长度/mm	GPS(经纬度)
检验人员			记录人员				日期			